浙江省建设工程计价规则

（2018 版）

中 国 计 划 出 版 社

2018 北 京

图书在版编目（CIP）数据

浙江省建设工程计价规则：2018版 / 浙江省建设工程造价管理总站主编. -- 北京：中国计划出版社，2018.12（2023.7重印）
ISBN 978-7-5182-0940-8

Ⅰ. ①浙… Ⅱ. ①浙… Ⅲ. ①建筑造价－建筑规范－浙江－2018 Ⅳ. ①TU723.3-65

中国版本图书馆CIP数据核字(2018)第240849号

浙江省建设工程计价规则
（2018 版）
浙江省建设工程造价管理总站　主编

中国计划出版社出版发行
网址：www. jhpress. com
地址：北京市西城区木樨地北里甲 11 号国宏大厦 C 座 3 层
邮政编码：100038　电话：（010）63906433（发行部）
北京市科星印刷有限责任公司印刷

880mm×1230mm　1/16　7 印张　208 千字
2018 年 12 月第 1 版　2023 年 7 月第 5 次印刷
印数 26501—28000 册

ISBN 978-7-5182-0940-8
定价：98.00 元

主编单位：浙江省建设工程造价管理总站
批准部门：浙江省住房和城乡建设厅
浙江省发展和改革委员会
浙江省财政厅
施行日期：二〇一九年一月一日

浙江省建设工程计价规则
(2018 版)

主编单位: 浙江省建设工程造价管理总站

参编单位: 浙江省公共资源交易中心
浙江省财政项目预算审核中心
浙江省人防工程定额站
杭州市建设工程造价和投资管理办公室
宁波市建设工程造价管理处
温州市建设工程造价管理处
衢州市建设工程造价管理站
台州市建设工程造价管理处
湖州经济技术开发区管理委员会建设局
中国建设银行股份有限公司浙江省分行
浙江省第二建筑工程有限公司
绿城房地产有限公司
浙江立兴造价师事务所有限公司
浙江中达工程造价事务所有限公司
宁波世明建设项目管理有限公司

主　　编: 汪亚峰　李仲尧　俞富桥

副 主 编: 季　挺　胡建明　王建荣　田忠玉　蔡临申　蔡立峰　陈　奎　郑怀东
叶志军　陈海燕

参　　编: 方　波　丁　锋　何法君　王明辉　王植明　施幸儿　马晓瑛　华钟鑫
刘海升　罗泽林　谢　涛　吴敏彦　戴莹莉　赵章杉　张苏琴　钱丁丁

顾　　问: 陈守中

审　核：浙江省建设工程计价依据(2018 版)编制工作专家组

组　长：邓文华　浙江省建设工程造价管理总站站长

副组长：赵智敏　浙江省发展和改革委员会基综办副主任
马　勇　浙江省财政厅经济建设处副处长
贾利松　浙江省住房和城乡建设厅综合计划与财务处副处长
韩　英　浙江省建设工程造价管理总站副站长
汪亚峰　浙江省建设工程造价管理总站副站长
季　挺　浙江省建设工程造价管理总站副站长

成　员：李仲尧　浙江省公共资源交易中心主任
俞富桥　浙江省财政项目预算评审中心副主任
李　锋　浙江省建筑业管理局市场监管处处长
张实现　浙江省建设工程造价管理协会原会长
陆开林　杭州市建设工程造价和投资管理办公室原主任
傅立群　宁波市建设工程造价管理处处长
季胜杰　温州市建设工程造价管理处主任
胡建明　浙江省建设工程造价管理总站副总工程师
田忠玉　浙江省建设工程造价管理总站定额管理处处长
蔡临申　浙江省建设工程造价管理总站造价信息处处长
毛红卫　浙江省建设投资集团股份有限公司副总经济师
单国良　歌山建设集团有限公司总裁助理
陈建华　万邦工程管理咨询有限公司总经理
黄志挺　建经投资咨询有限公司董事长
华钟鑫　浙江中达工程造价事务所有限公司董事长
蒋　磊　浙江耀信工程咨询有限公司董事长
史文军　浙江省建工集团有限责任公司原总经济师

审　定：浙江省建设工程计价依据(2018 版)编制工作领导小组

组　长：项永丹　浙江省住房和城乡建设厅厅长

副组长：朱永斌　浙江省住房和城乡建设厅党组成员、浙江省建筑业管理局局长
周华富　浙江省发展和改革委员会副主任
邢自霞　浙江省财政厅副厅长

成　员：方建新　浙江省发展和改革委员会基综办调研员
倪学军　浙江省财政厅经济建设处处长
叶军献　浙江省建筑业管理局副局长
施卫忠　浙江省住房和城乡建设厅综合与计划财务处处长
吴伟民　浙江省建筑业管理局副局长
邓文华　浙江省建设工程造价管理总站站长

关于颁发浙江省建设工程计价依据(2018版)的通知

浙建建〔2018〕61号

各市建委(建设局)、发展改革委、财政局:

为深化工程造价管理改革,完善工程计价依据体系,健全市场起决定性作用的工程造价管理机制,合理确定和有效控制工程造价,根据省住房城乡建设厅、省发展改革委、省财政厅联合印发的《关于组织编制〈浙江省建设工程计价依据(2018版)〉的通知》(建建发〔2017〕166号)要求,由省建设工程造价管理总站负责组织编制的《浙江省建设工程计价规则》(2018版)、《浙江省房屋建筑与装饰工程预算定额》(2018版)、《浙江省通用安装工程预算定额》(2018版)、《浙江省市政工程预算定额》(2018版)、《浙江省园林绿化及仿古建筑工程预算定额》(2018版)、《浙江省建设工程施工机械台班费用定额》(2018版)、《浙江省建筑安装材料基期价格》(2018版)、《浙江省城市轨道交通工程预算定额》(2018版)等8项工程计价成果(以下简称"2018版计价依据")通过审定,现予颁发,并就有关事项通知如下,请一并贯彻执行。

一、2018版计价依据是指导投资估算、设计概算、施工图预算、招标控制价、投标报价的编制以及工程合同价约定、竣工结算办理、工程计价纠纷调解处理、工程造价鉴定等的依据。规费取费标准是投资概算和招标控制价的编制依据,投标人根据国家法律法规及自身缴纳规费的实际情况,自主确定其投标费率,但在规费政策平稳过渡期内不得低于标准费率的30%。当规费相关政策发生变化时,再另行发文规定。

二、2018版计价依据自2019年1月1日起施行。《浙江省建设工程计价规则》(2010版)、《浙江省建筑工程预算定额》(2010版)、《浙江省安装工程预算定额》(2010版)、《浙江省市政工程预算定额》(2010版)、《浙江省园林绿化及仿古建筑工程预算定额》(2010版)、《浙江省建设工程施工费用定额》(2010版)、《浙江省施工机械台班费用定额》(2010版)、《浙江省建筑安装材料基期价格》(2010版)同时停止使用。

三、凡2018年12月31日前签订工程发承包合同的项目,或者虽然工程合同在2019年1月1日以后签订,但工程招投标的开标在2018年12月31日前完成的项目,除工程合同或招标文件有特别约定外,仍按2010版计价依据规定执行。涉及后续人工费动态调整的,统一采用人工综合价格指数进行调整。

四、各级建设、发展改革、财政等部门要高度重视2018版计价依据的贯彻实施工作,造价管理机构在2018版计价依据贯彻实施中要加强管理,有效地开展监督检查工作,确保2018版计价依据的正确执行。

2018版计价依据由省建设工程造价管理总站负责解释与管理。

浙江省住房和城乡建设厅
浙江省发展和改革委员会
浙 江 省 财 政 厅
2018年11月9日

目　　录

1 总 则

1.0.1 为规范建设工程计价行为,维护建设工程各方的合法权益,实现建设工程造价全过程管理,根据《中华人民共和国建筑法》《中华人民共和国招标投标法》《中华人民共和国合同法》《建设工程工程量清单计价规范》GB 50500—2013 及《浙江省建设工程造价管理办法》(省政府令第 296 号)等法律、法规及规章,并按照“政府宏观调控、企业自主报价、竞争形成价格、监管行之有效”的精神,结合浙江省的实际,制定本规则。

1.0.2 本规则适用于浙江省行政区域范围内从事房屋建筑工程、市政基础设施工程的发承包及实施阶段的计价活动,其他专业工程可参照执行。

1.0.3 建设工程计价活动应遵循客观、公正、公平、合法、守信的原则。

1.0.4 建设工程计价活动包括但不限于下列内容:

1. 编审投资估算;
2. 编审设计概算;
3. 编审工程量清单;
4. 编审招标控制价、施工图预算;
5. 编制投标价;
6. 确定与调整合同价款;
7. 工程计量与价款支付;
8. 编审竣工结算;
9. 工程计价纠纷调解;
10. 工程造价鉴定。

建设工程计价应实施全过程管理,遵循估算控制概算,概算控制预算(招标控制价),预算(招标控制价)控制结算的原则,积极推行分阶段或按月确定工程造价、按月支付工程价款的结算模式,以达到合理确定和有效控制工程造价的目的。

1.0.5 《建设工程工程量清单计价规范》GB 50500—2013 及相关工程的国家计算规范(以下简称“计价规范”)、本规则、《浙江省房屋建筑与装饰工程预算定额》《浙江省通用安装工程预算定额》《浙江省市政工程预算定额》《浙江省园林绿化及仿古建筑工程预算定额》《浙江省城市轨道交通工程预算定额》《浙江省建设工程施工机械台班费用定额》《浙江省建筑安装材料基期价格》等定额以及本省工程造价管理机构发布的人工、材料、施工机械台班市场价格信息、工程造价指数、指标等,是本省计价活动的基础性依据(以下简称“计价依据”)。

1. “计价依据”中的各项专业定额是根据国家和浙江省有关规定,结合本省建筑产品物化劳动和劳动消耗的社会平均水平编制的;

2. “计价依据”是编审工程投资估算、设计概算、施工图预算、招标控制价、竣工结算等工程计价活动的指导性依据,是投标人投标报价的参考性依据,也是全部使用国有资金投资或国有资金投资为主(以下简称“国有资金投资”)的建设工程造价的控制性标准。

1.0.6 建设工程施工发承包活动统一实行综合单价计价方法。国有资金投资的建设工程必须实行工程量清单计价模式。

1.0.7 设计概算、施工图预算、招标控制价、工程量清单、投标报价、工程计量与价款支付、竣工结算等工程造价文件的编制与审核及工程造价鉴定应遵循本规则的计价规定、计算程序、标准格式和签字盖章等原则要求。

1.0.8 市场价格信息、工程造价指数、指标应按照统一的方法、要求、格式进行编制和发布,遇要素价格波动较大时应及时发布预警信息。市场价格信息、造价指数、指标可作为建设工程施工合同价格要素动态调整、工程索赔价格调整的依据。

1.0.9 建设工程施工取费费率项目包括施工组织措施费、企业管理费、利润、其他项目费、规费和税金。企业管理费、利润、其他施工组织措施费费率采用下限、中值、上限三档计算,其他项目费采用区间费率和固定费率,规费、税金根据不同专业工程和不同计税方法采用固定费率计算。

1.0.10 正确引导建设工程各方主体合理分担风险。建设工程发承包计价时,应在招标文件或合同中明确风险内容及其范围(幅度),不得采用无限风险、所有风险或类似语句规定风险内容及其范围(幅度)。

1.0.11 工程合同主体各方应依法合规确定合同价款,依据施工合同约定调整和结算工程价款,如出现计价纠纷,可按照本规则相关内容进行处理。

1.0.12 各级造价管理机构应建立计价软件监督检查工作机制,定期开展计价软件评测检查,加强计价依据和相关标准规范执行监管,鼓励计价软件开发企业加大技术投入和创新,更好地服务工程计价。

1.0.13 本规则凡注明有“××以内”“××以下”、单个区间上下限均包括本身,注明有“××以外”“××以上”、多个区间的下限均不包括本身。

2 术　　语

2.0.1　建设项目

建设项目指按一个总体设计组织施工，建成后具有完整的系统，可以独立地形成生产能力或者使用价值的建设工程。

2.0.2　房屋建筑工程

房屋建筑工程指各类房屋建筑及其附属设施和与其配套的线路、管道、设备安装工程及室内外装饰装修工程。

2.0.3　市政基础设施工程

市政基础设施工程指城市道路、公共交通、供水、排水、燃气、热力、园林绿化、环卫、污水处理、防洪、地下公共设施及附属设施等土建、管道、设备安装工程。

2.0.4　单项工程

单项工程指具有独立设计文件，可以独立施工，竣工建成后，能够独立发挥生产能力或使用效益的工程。

2.0.5　单位工程

单位工程指具有独立的设计，可以独立组织施工，但竣工后不能独立发挥生产能力或使用效益的工程。

2.0.6　分部分项工程

分部工程是单项或单位工程的组成部分，是按结构部位、路段长度及施工特点或施工任务将单项或单位工程划分为若干分部的工程；分项工程是分部工程的组成部分，是按不同施工方法、材料、工序、路段长度等将分部工程划分为若干个分项或项目的工程。

2.0.7　措施项目

措施项目指为完成工程项目施工，发生于该工程施工准备和施工过程中的技术、生活、安全、环境保护等方面的非工程实体项目。

2.0.8　专业工程分包

专业工程分包指施工总承包单位或业主根据总承包合同的约定，将承包工程中的专业性较强的专业工程发包给具有相应资质的专业分包单位完成的活动。

2.0.9　国标工程量清单

国标工程量清单指根据国家“计价规范”及浙江省补充要求编制的，载明建设工程分部分项工程项目、措施项目、其他项目的名称和相应数量以及规费、税金项目等内容的明细清单。

2.0.10　招标工程量清单

招标工程量清单指招标人依据国家标准、招标文件、设计文件以及施工现场实际情况编制的，随招标文件发布供投标人投标报价的工程量清单，包括其说明和表格。

2.0.11　已标价工程量清单

已标价工程量清单指构成合同的由承包人按照规定的格式和要求填写并标明价格的工程量清单，包括说明和表格。

2.0.12　企业定额

企业定额指施工企业根据本企业的施工技术和管理水平而编制的人工、材料和机械台班等的消耗量标准。

2.0.13　定额人工费

定额人工费指按照现行预算定额人工消耗量乘以定额人工单价计算出的费用，是计取各项费用的基数。

2.0.14　定额机械费

定额机械费指按照现行预算定额机械消耗量乘以定额机械台班单价计算出的费用,是计取各项费用的基数。

2.0.15　综合单价

综合单价指完成一个规定清单项目(或定额项目)所需的人工费、材料费、机械费和对应的企业管理费、利润以及一定范围内的风险费用。

2.0.16　综合单价法

综合单价法指分部分项工程费、施工技术措施项目费及相关其他项目费的单价按综合单价计算,施工组织措施项目费、规费、税金等按规定程序另行单独列项计算的一种计价方法。

2.0.17　现场签证

现场签证指发包人现场代表(或其授权的监理人、工程造价咨询人)与承包人现场代表就施工过程中涉及的责任事件(技术变更和价款调整)所做的签认证明。

2.0.18　合同价格

合同价格指发包人用于支付承包人按照合同约定完成承包范围内全部工作的金额,包括合同履行过程中按合同约定发生的价格变化。

2.0.19　签约合同价

签约合同价指发包人和承包人在合同协议书中确定的总金额,包括安全文明施工费、暂估价及暂列金额等。

2.0.20　竣工结算价

竣工结算价指发承包双方依据国家有关法律、法规和标准规定,按照合同约定确定的,包括在履行合同过程中按合同约定进行的合同价款调整,是承包人按合同约定完成了全部承包工作后,发包人应付给承包人的合同总金额。

2.0.21　基准日

基准日指招标工程以投标截止日前 28 天,非招标工程以合同签订前 28 天的日历天。

2.0.22　基准价格

基准价格指基准日当天所对应月份的由省市工程造价管理机构发布的信息价。

2.0.23　基期价格

基期价格指组成建设工程计价要素的人工、材料、机械在某一时点(预算定额编制期)的价格。其中人工基期价格也称“定额人工单价”,机械台班基期价格也称“定额机械台班单价”。

2.0.24　缺陷责任期

缺陷责任期指承包人对已交付使用的合同工程承担合同约定的缺陷修复责任的期限。

2.0.25　招标风险警戒值

招标风险警戒值指招标控制价下降一定幅度达到工程成本线的风险警戒值,也称招标控制价下降幅度控制值。

2.0.26　工程造价鉴定

工程造价鉴定指鉴定机构接受人民法院或仲裁机构委托,在诉讼或仲裁案件中,鉴定人运用工程造价方面的科学知识和专业知识,对工程造价争议中涉及的专门性问题进行鉴别、判断并提供鉴定意见的活动。

3 工程造价组成及计价方法

3.1 建筑安装工程费用构成要素

3.1.1 建筑安装工程费按照费用构成要素划分,由人工费、材料费、机械费、企业管理费、利润、规费和税金组成(见图3.1.1)。

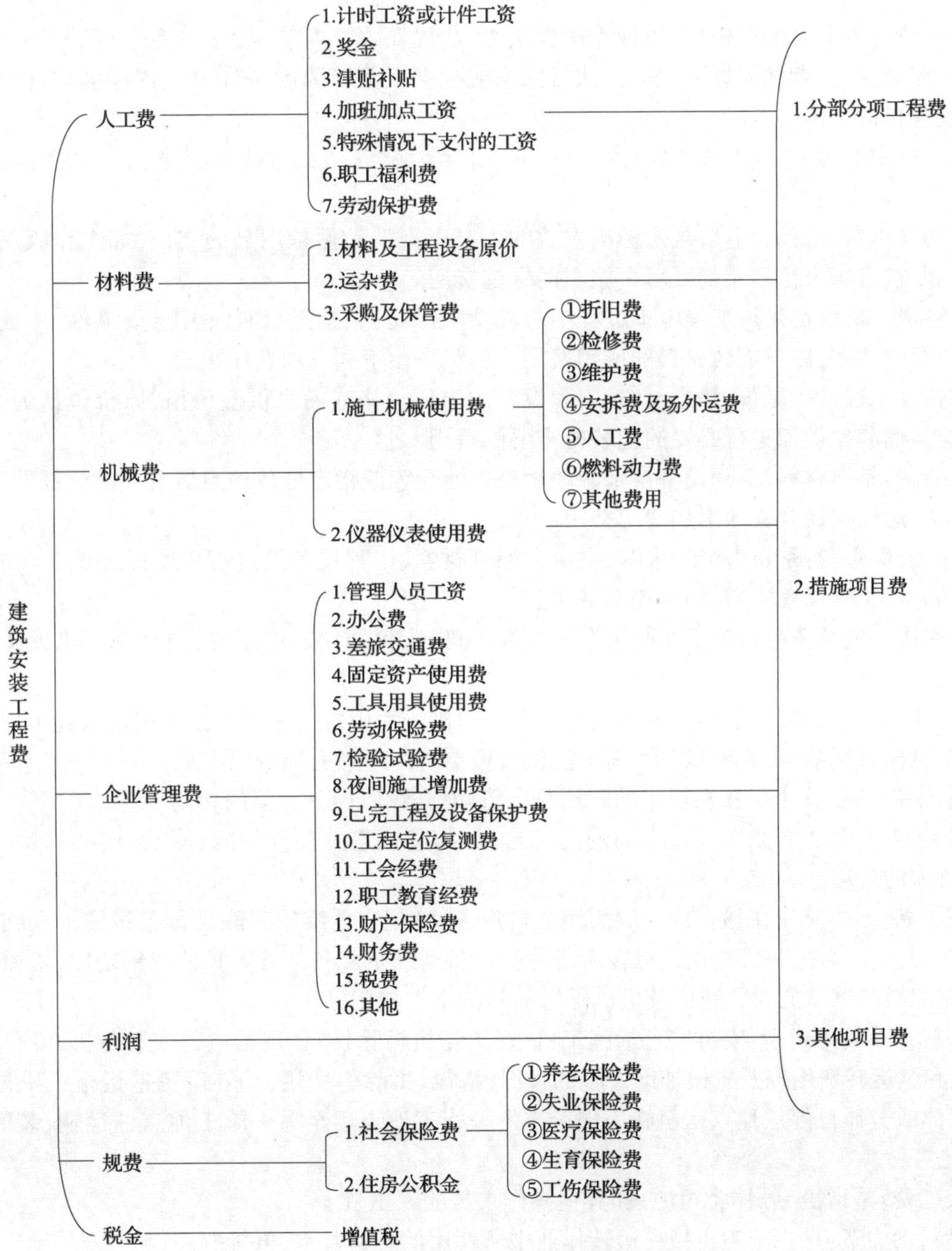

图3.1.1 建筑安装工程费用项目组成表
(按费用构成要素划分)

3.1.2 人工费。人工费是指按工资总额构成规定,支付给从事建筑安装工程施工的生产工人和附属生产单位工人的各项费用(包含个人缴纳的社会保险费与住房公积金)。内容包括:

1 计时工资或计件工资:是指按计时工资标准和工作时间或对已做工作按计件单价支付给个人的劳动报酬。

2 奖金:是指对超额劳动和增收节支支付给个人的劳动报酬,如节约奖、劳动竞赛奖等。

3 津贴补贴:是指为了补偿职工特殊或额外的劳动消耗和因其他特殊原因支付给个人的津贴,以及为了保证职工工资水平不受物价影响支付给个人的物价补贴,如流动施工津贴、特殊地区施工津贴、高温(寒)作业临时津贴、高空津贴等。

4 加班加点工资:是指按规定支付的在法定节假日工作的加班工资和在法定工作日时间外延时工作的加点工资。

5 特殊情况下支付的工资:是指根据国家法律、法规和政策规定,因病、工伤、产假、计划生育假、婚丧假、事假、探亲假、定期休假、停工学习、执行国家或社会义务等原因按计时工资标准或计时工资标准的一定比例支付的工资。

6 职工福利费:是指企业按规定标准计提并支付给生产工人的集体福利费、夏季防暑降温费、冬季取暖补贴、上下班交通补贴等。

7 劳动保护费:是指企业按规定标准发放的生产工人劳动保护用品的支出,如工作服、手套、防暑降温饮料以及在有碍身体健康的环境中施工的保健费用等。

3.1.3 材料费。材料费是指工程施工过程中所耗费的原材料、辅助材料、构配件、零件、半成品或成品和工程设备等的费用,以及周转材料的摊销费用。材料费由下列三项费用组成:

1 材料及工程设备原价:是指材料、工程设备的出厂价格或商家供应价格,原价包括为方便材料、工程设备的运输和保护而进行必要的包装所需要的费用。

2 运杂费:是指材料、工程设备自来源地运至工地仓库或指定堆放地点所发生的全部费用,包括装卸费、运输费、运输损耗及其他附加费等费用。

3 采购及保管费:是指为组织采购、供应和保管材料、工程设备的过程中所需要的各项费用,包括采购费、仓储费、工地保管费、仓储损耗等费用。

3.1.4 机械费。机械费是指施工作业所发生的施工机械、仪器仪表使用费,包括施工机械使用费和仪器仪表使用费。其中:

1 施工机械使用费:是指施工机械作业所发生的机械使用费。施工机械使用费以施工机械台班耗用量与施工机械台班单价的乘积表示,施工机械台班单价由下列七项费用组成:

(1)折旧费:是指施工机械在规定的耐用总台班内,陆续收回其原值的费用。

(2)检修费:是指施工机械在规定的耐用总台班内,按规定的检修间隔进行必要的检修,以恢复其正常功能所需的费用。

(3)维护费:是指施工机械在规定的耐用总台班内,按规定的维护间隔进行各级维护和临时故障排除所需的费用,包括为保障机械正常运转所需替换设备与随机配备工具附具的摊销费用、机械运转及日常维护所需润滑与擦拭的材料费用及机械停滞期间的维护费用等。

(4)安拆费及场外运费:安拆费是指施工机械(大型机械除外)在现场进行安装与拆卸所需的人工、材料、机械和试运转费用以及机械辅助设施的折旧、搭设、拆除等费用,场外运费是指施工机械(大型机械除外)整体或分体自停放地点运至施工现场或由一施工地点运至另一施工地点的运输、装卸、辅助材料等费用。

(5)人工费:是指机上司机(司炉)和其他操作人员的人工费。

(6)燃料动力费:是指施工机械在运转作业中所耗用的燃料及水、电等费用。

(7)其他费用:是指施工机械按照国家和有关部门规定应缴纳的车船使用税、保险费及年检费用等。

2 仪器仪表使用费：是指工程施工所需仪器仪表的使用费。仪器仪表使用费以仪器仪表台班耗用量与仪器仪表台班单价的乘积表示，仪器仪表台班单价由折旧费、维护费、校验费和动力费组成。

3.1.5 企业管理费。企业管理费是指建筑安装企业组织施工生产和经营管理所需的费用。内容包括：

1 管理人员工资：是指按规定支付给管理人员的计时工资、奖金、津贴补贴、加班加点工资、特殊情况下支付的工资及相应的职工福利费、劳动保护费等。

2 办公费：是指企业管理办公用的文具、纸张、账表、印刷、邮电、书报、办公软件、现场监控、会议、水电、烧水和集体取暖降温（包括现场临时宿舍取暖降温）等费用。

3 差旅交通费：是指职工因公出差、调动工作的差旅费、住勤补助费，市内交通费和误餐补助费，职工探亲路费，劳动力招募费，职工退休、退职一次性路费，工伤人员就医路费，工地转移费以及管理部门使用的交通工具的油料、燃料等费用。

4 固定资产使用费：是指管理和试验部门及附属生产单位使用的属于固定资产的房屋、设备、仪器（包括现场出入管理及考勤设备、仪器）等的折旧、大修、维修或租赁费。

5 工具用具使用费：是指企业施工生产和管理使用的不属于固定资产的工具、器具、家具、交通工具和检验、试验、测绘、消防用具等的购置、维修和摊销费。

6 劳动保险费：是指由企业支付的离退休职工易地安家补助费、职工退职金、六个月以上的病假人员工资、职工死亡丧葬补助费、抚恤费、按规定支付给离休干部的各项经费等。

7 检验试验费：是指施工企业按照有关标准规定，对建筑以及材料、构件和建筑安装物进行一般鉴定、检查所发生的费用，包括自设试验室进行试验所耗用的材料等费用，不包括新结构、新材料的试验费，对构件做破坏性试验及其他特殊要求检验试验的费用和建设单位委托检测机构进行专项及见证取样检测的费用，对此类检测所发生的费用，由建设单位在工程建设其他费用中列支，但对施工企业提供的具有合格证明的材料进行检测不合格的，该检测费用应由施工企业支付。

8 夜间施工增加费：是指因施工工艺要求必须持续作业而不可避免的夜间施工所增加的费用，包括夜班补助费、夜间施工降效、夜间施工照明设备摊销及照明用电等费用。

9 已完工程及设备保护费：是指竣工验收前，对已完工程及工程设备采取的必要保护措施所发生的费用。

10 工程定位复测费：是指工程施工过程中进行全部施工测量放线和复测工作的费用。

11 工会经费：是指企业按《中华人民共和国工会法》规定的全部职工工资总额比例计提的工会经费。

12 职工教育经费：是指按职工工资总额的规定比例计提，企业为职工进行专业技术和职业技能培训，专业技术人员继续教育、职工职业技能鉴定、职业资格认定以及根据需要对职工进行各类文化教育所发生的费用。

13 财产保险费：是指施工管理用财产、车辆等的保险费用。

14 财务费：是指企业为施工生产筹集资金或提供预付款担保、履约担保、职工工资支付担保等所发生的各种费用。

15 税费：是指根据国家税法规定应计入建筑安装工程造价内的城市维护建设税、教育费附加和地方教育附加，以及企业按规定缴纳的房产税、车船使用税、土地使用税、印花税、环保税等。

16 其他：包括技术转让费、技术开发费、投标费、业务招待费、绿化费、广告费、公证费、法律顾问费、审计费、咨询费、危险作业意外伤害保险费等。

3.1.6 利润。利润是指施工企业完成所承包工程获得的盈利。

3.1.7 规费。规费是指按国家法律、法规规定，由省级政府和省级有关权力部门规定必须缴纳或计取的，应计入建筑安装工程造价内的费用。内容包括：

1 社会保险费：

（1）养老保险费：是指企业按照规定标准为职工缴纳的基本养老保险费。

(2)失业保险费:是指企业按照规定标准为职工缴纳的失业保险费。

(3)医疗保险费:是指企业按照规定标准为职工缴纳的基本医疗保险费。

(4)生育保险费:是指企业按照规定标准为职工缴纳的生育保险费。

(5)工伤保险费:是指企业按照规定标准为职工缴纳的工伤保险费。

2 住房公积金:是指企业按规定标准为职工缴纳的住房公积金。

3.1.8 税金。税金是指国家税法规定的应计入建筑安装工程造价内的建筑服务增值税。

3.2 建筑安装工程造价组成内容

3.2.1 建筑安装工程费。按照造价形成内容划分,建筑安装工程费由分部分项工程费、措施项目费、其他项目费、规费和税金组成(见图 3.2.1)。

3.2.2 分部分项工程费。分部分项工程费是指根据设计规定,按照施工验收规范、质量评定标准的要求,完成构成工程实体所耗费或发生的各项费用,包括人工费、材料费、机械费和企业管理费、利润。

3.2.3 措施项目费。措施项目费是指为完成建筑安装工程施工,按照安全操作规程、文明施工规定的要求,发生于该工程施工前和施工过程中用作技术、生活、安全、环境保护等方面的各项费用,由施工技术措施项目费和施工组织措施项目费构成,包括人工费、材料费、机械费和企业管理费、利润。

1 施工技术措施项目费包括:

(1)通用施工技术措施项目费:

1)大型机械设备进出场及安拆费:是指机械整体或分体自停放场地运至施工现场或由一个施工地点运至另一个施工地点所发生的机械进出场运输、转移(含运输、装卸、辅助材料、架线等)费用及机械在施工现场进行安装、拆卸所需的人工费、材料费、机械费、试运转费和安装所需的辅助设施的费用。

2)脚手架工程费:是指施工需要的各种脚手架搭、拆、运输费用以及脚手架购置费的摊销费用。

(2)专业工程施工技术措施项目费:是指根据现行国家各专业工程工程量计算规范(以下简称"计量规范")或浙江省各专业工程计价定额(以下简称"专业定额")及有关规定,列入各专业工程措施项目的属于施工技术措施的费用。

(3)其他施工技术措施项目费:是指根据各专业工程特点补充的施工技术措施项目的费用。

施工技术措施项目按实施要求划分,可分为施工技术常规措施项目和施工技术专项措施项目。其中,施工技术专项措施项目是指根据设计或建设主管部门的规定,需由承包人提出专项方案并经论证、批准后方能实施的施工技术措施项目,如深基坑支护、高支模承重架、大型施工机械设备基础等。

2 施工组织措施项目费包括:

(1)安全文明施工费:是指按照国家现行的建筑施工安全、施工现场环境与卫生标准和大气污染防治及城市建筑工地、道路扬尘管理要求等有关规定,购置和更新施工安全防护用具及设施、改善安全生产条件和作业环境、防治并治理施工现场扬尘污染所需要的费用。安全文明施工费内容包括:

1)环境保护费:是指施工现场为达到环保部门要求所需要的包括施工现场扬尘污染防治、治理在内的各项费用。

2)文明施工费:是指施工现场文明施工所需要的各项费用,一般包括施工现场的标牌设置,施工现场地面硬化,现场周边设立围护设施,现场安全保卫及保持场貌、场容整洁等发生的费用。

3)安全施工费:是指施工现场安全施工所需要的各项费用,一般包括安全防护用具和服装,施工现场的安全警示、消防设施和灭火器材,安全教育培训,安全检查及编制安全措施方案等发生的费用。

4)临时设施费:是指施工企业为进行建筑工程施工所必须搭设的生活和生产用的临时建筑物、构筑物和其他临时设施等发生的费用。临时设施包括:临时宿舍、文化福利及公用事业房屋与构筑物、仓库、办公室、加工厂(场)以及在规定范围内道路、水、电、管线等临时设施和小型临时设施。临时设施费用包括临时设施的搭设、维修、拆除费或摊销费。

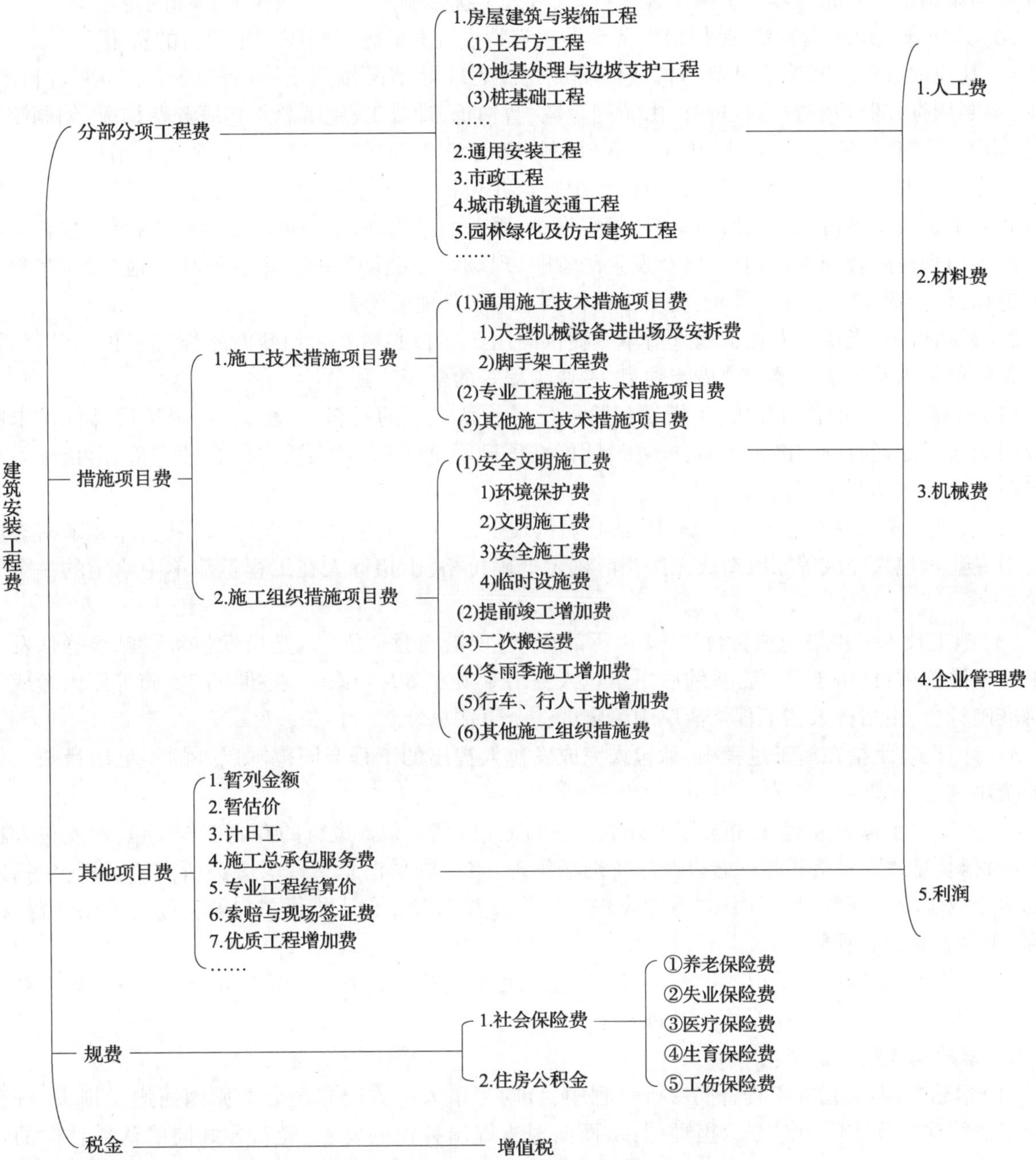

图 3.2.1　建筑安装工程费用项目组成

（按造价形成内容划分）

安全文明施工费以实施标准划分，可分为安全文明施工基本费和创建安全文明施工标准化工地增加费（以下简称“标化工地增加费”）。

（2）提前竣工增加费：是指因缩短工期要求发生的施工增加费，包括赶工所需发生的夜间施工增加费、周转材料加大投入量和资金、劳动力集中投入等所增加的费用。

（3）二次搬运费：是指因施工场地条件限制而发生的材料、构配件、半成品等一次运输不能到达堆放地点，必须进行二次或多次搬运所发生的费用。

（4）冬雨季施工增加费：是指在冬季或雨季施工需增加的临时设施、防滑、排除雨雪，人工及施工机械效率降低等费用。

（5）行车、行人干扰增加费：是指边施工边维持行人与车辆通行的市政、城市轨道交通、园林绿化等市政基础设施工程及相应养护维修工程受行车、行人干扰影响而降低工效等所增加的费用。

(6)其他施工组织措施费:是指根据各专业工程特点补充的施工组织措施项目的费用。

3.2.4 其他项目费。其他项目费的构成内容应视工程实际情况按照不同阶段的计价需要进行列项。其中,编制招标控制价和投标报价时,由暂列金额、暂估价、计日工、施工总承包服务费构成,编制竣工结算时,由专业工程结算价、计日工、施工总承包服务费、索赔与现场签证费以及优质工程增加费构成。

1 暂列金额:是指招标人在工程量清单中暂定并包括在合同价款中的一笔款项,用于工程合同签订时尚未确定或者不可预见的所需材料、工程设备、服务的采购,施工中可能发生的工程变更、合同约定调整因素出现时的合同价款调整,以及发生的索赔、现场签证确认等的费用和标化工地、优质工程等费用的追加,包括标化工地暂列金额、优质工程暂列金额和其他暂列金额。

2 暂估价:是指招标人在工程量清单中提供的用于支付必然发生但暂时不能确定价格的材料、工程设备的单价以及施工技术专项措施项目、专业工程等的金额。其中:

(1)材料及工程设备暂估价:是指发包阶段已经确认发生的材料、工程设备,由于设计标准未明确等原因造成无法当时确定准确价格,或者设计标准虽已明确,但一时无法取得合理询价,由招标人在工程量清单中给定的若干暂估单价。

(2)专业工程暂估价:是指发包阶段已经确认发生的专业工程,由于设计未详尽、标准未明确或者需要由专业承包人完成等原因造成无法当时确定准确价格,由招标人在工程量清单中给定的一个暂估总价。

(3)施工技术专项措施项目暂估价(以下简称"专项措施暂估价"):是指发包阶段已经确认发生的施工技术措施项目,由于需要在签约后由承包人提出专项方案并经论证、批准方能实施等原因造成无法当时准确计价,由招标人在工程量清单中给定的一个暂估总价。

3 计日工:是指在施工过程中,承包人完成发包人提出的工程合同范围以外的零星项目或工作所需的费用。

4 施工总承包服务费:是指施工总承包人为配合、协调发包人进行的专业工程发包,对发包人自行采购的材料、工程设备等进行保管以及施工现场管理、竣工资料汇总整理等服务所需的费用,包括发包人发包专业工程管理费(以下简称"专业发包工程管理费")和发包人提供材料及工程设备保管费(以下简称"甲供材料设备保管费")。

5 专业工程结算价:是指发包阶段招标人在工程量清单中以暂估价给定的专业工程,竣工结算时发承包双方按照合同约定计算并确定的最终金额。

6 索赔与现场签证费:

(1)索赔费用:是指在工程合同履行过程中,合同当事人一方因非己方的原因而遭受损失,按合同约定或法律法规规定应由对方承担责任,从而向对方提出补偿的要求,经双方共同确认需补偿的各项费用。

(2)现场签证费用(以下简称"签证费用"):是指发包人现场代表(或其授权的监理人、工程造价咨询人)与承包人现场代表就施工过程中涉及的责任事件所做的签认证明中的各项费用。

7 优质工程增加费:是指建筑施工企业在生产合格建筑产品的基础上,为生产优质工程而增加的费用。

3.2.5 规费、税金。规费、税金定义及包括的内容见本规则第 3.1.7 条、第 3.1.8 条。

3.3 建筑安装工程计价方法

3.3.1 建筑安装工程统一按照综合单价法进行计价,包括国标工程量清单计价(以下简称"国标清单计价")和定额项目清单计价(以下简称"定额清单计价")两种。采用"国标清单计价"和"定额清单计价"时,除分部分项工程费、施工技术措施项目费分别依据"计量规范"规定的清单项目和"专业定额"规定的定额项目列项计算外，其余费用的计算原则及方法应当一致。

3.3.2 建筑安装工程计价可采用一般计税法和简易计税法计税，如选择采用简易计税方法计税，应符合税务部门关于简易计税的适用条件，建筑安装工程概算应采用一般计税方法计税。

3.3.3 采用一般计税方法计税时，其税前工程造价（或税前概算费用）的各费用项目均不包含增值税的进项税额，相应价格、费率及其取费基数均按“除税价格”计算或测定；采用简易计税方法计税时，其税前工程造价的各费用项目均应包含增值税的进项税额，相应价格、费率及其取费基数均按“含税价格”计算或测定。

3.3.4 建筑安装工程概算费用计价。

建筑安装工程概算费用由税前概算费用和税金（增值税销项税，下同）组成，计价内容包括概算分部分项工程（包含施工技术措施项目，下同）费、总价综合费用、概算其他费用和税金。

1 概算分部分项工程费按概算分部分项工程数量乘以综合单价以其合价之和进行计算。其中：

（1）工程数量。概算分部分项工程数量应根据概算“专业定额”中定额项目规定的工程量计算规则进行计算。

（2）综合单价。

1）综合单价所含人工费、材料费、机械费应按照概算“专业定额”中的人工、材料、施工机械（仪器仪表）台班消耗量以概算编制期对应月份省、市工程造价管理机构发布的市场信息价进行计算。遇未发布市场信息价的，可通过市场调查以询价方式确定价格。

2）综合单价所含企业管理费、利润应以概算“专业定额”中定额项目的“定额人工费＋定额机械费”乘以单价综合费用费率进行计算。单价综合费用费率由企业管理费费率和利润费率构成，按相应施工取费费率的中值取定。

2 总价综合费用按概算分部分项工程费中的“定额人工费＋定额机械费”乘以总价综合费用费率进行计算。总价综合费用费率由施工组织措施项目费相关费率和规费费率构成，所含施工组织措施项目费费率只包括安全文明施工基本费、提前竣工增加费、二次搬运费、冬雨季施工增加费费率，不包括标化工地增加费和行车、行人干扰增加费费率。其中：

（1）安全文明施工基本费费率按市区工程相应基准费率（即施工取费费率的中值）取定；

（2）提前竣工增加费费率按缩短工期比例为10%以内施工取费费率的中值取定；

（3）二次搬运费、冬雨季施工增加费费率按相应施工取费费率的中值取定；

（4）规费费率按相应施工取费费率取定。

3 概算其他费用按标化工地预留费、优质工程预留费、概算扩大费用之和进行计算。其中：

（1）标化工地预留费是指因工程实施时可能发生的标化工地增加费而预留的费用。

1）标化工地预留费应以概算分部分项工程费中的“定额人工费＋定额机械费”乘以标化工地预留费费率进行计算。

2）标化工地预留费费率按市区工程标化工地增加费相应标化等级的施工取费费率取定，设计概算编制时已明确创安全文明施工标准化工地目标的，按目标等级对应费率计算。

（2）优质工程预留费是指因工程实施时可能发生的优质工程增加费而预留的费用。

1）优质工程预留费应以“概算分部分项工程费＋总价综合费用”乘以优质工程预留费费率进行计算。

2）优质工程预留费费率按优质工程增加费相应优质等级的施工取费费率取定，设计概算编制时已明确创优质工程目标的，按目标等级对应费率计算。

（3）概算扩大费用是指因概算定额与预算定额的水平幅度差、初步设计图纸与施工图纸的设计深度差异等因素，编制概算时应予以适当扩大需考虑的费用。

1）概算扩大费用应以“概算分部分项工程费＋总价综合费用”乘以扩大系数进行计算。

2）扩大系数按1%～3%进行取定，具体数值可根据工程的复杂程度和图纸的设计深度确定。其中，较简单工程或图纸设计深度达到要求的取 1%,一般工程取 2%,较复杂工程或设计图纸深度不够要求的取 3%。

4 税前概算费用按概算分部分项工程费、总价综合费用、概算其他费用之和进行计算。

5 税金按税前概算费用乘以增值税销项税税率进行计算。

6 建筑安装工程概算费用按税前概算费用、税金之和进行计算。

3.3.5 建筑安装工程施工费用计价。

建筑安装工程施工费用(即工程造价)由税前工程造价和税金(增值税销项税或征收率,下同)组成,计价内容包括分部分项工程费、措施项目费、其他项目费、规费和税金。

1 分部分项工程费。分部分项工程费按分部分项工程数量乘以综合单价以其合价之和进行计算。其中:

(1)工程数量:

1)采用"国标清单计价"的工程,分部分项工程数量应根据"计量规范"中清单项目(含浙江省补充清单项目)规定的工程量计算规则和本省有关规定进行计算。

2)采用"定额清单计价"的工程,分部分项工程数量应根据预算"专业定额"中定额项目规定的工程量计算规则进行计算。

3)编制招标控制价和投标报价时,工程数量应统一按照招标人在发承包计价前依据招标工程设计图纸和有关计价规定计算并提供的工程量确定;编制竣工结算时,工程数量应以承包人完成合同工程应予计量的工程量进行调整。

(2)综合单价:

1)工料机费用。

编制招标控制价时,综合单价所含人工费、材料费、机械费应按照预算"专业定额"中的人工、材料、施工机械(仪器仪表)台班消耗量以相应"基准价格"进行计算。遇未发布"基准价格"的,可通过市场调查以询价方式确定价格;因设计标准未明确等原因造成无法当时确定准确价格,或者设计标准虽已明确但一时无法取得合理询价的材料,应以"暂估单价"计入综合单价。

编制投标报价时,综合单价所含人工费、材料费、机械费可按照企业定额或参照预算"专业定额"中的人工、材料、施工机械(仪器仪表)台班消耗量以当时当地相应市场价格由企业自主确定。其中,材料的"暂估单价"应与招标控制价保持一致。

编制竣工结算时,综合单价所含人工费、材料费、机械费除"暂估单价"直接以相应"确认单价"替换计算外,应根据已标价清单综合单价中的人工、材料、施工机械(仪器仪表)台班消耗量,按照合同约定计算因价格波动所引起的价差。计补价差时,应以分部分项工程所列项目的全部差价汇总计算,或直接计入相应综合单价。

2)企业管理费、利润。

编制招标控制价时,采用"国标清单计价"的工程,综合单价所含企业管理费、利润应以清单项目中的"定额人工费 + 定额机械费"乘以企业管理费、利润相应费率分别进行计算;采用"定额清单计价"的工程,综合单价所含企业管理费、利润应以定额项目中的"定额人工费 + 定额机械费"乘以企业管理费、利润相应费率分别进行计算。其中,企业管理费、利润费率应按相应施工取费费率的中值计取。

编制投标报价时,采用"国标清单计价"的工程,综合单价所含企业管理费、利润应以清单项目中的"人工费 + 机械费"乘以企业管理费、利润费率分别进行计算;采用"定额清单计价"的工程,综合单价所含企业管理费、利润应以定额项目中的"人工费 + 机械费"乘以企业管理费、利润相应费率分别进行计算。其中,企业管理费、利润费率可参考相应施工取费费率由企业自主确定。

编制竣工结算时,采用"国标清单计价"的工程,综合单价所含企业管理费、利润应以清单项目中依据已标价清单综合单价确定的"人工费 + 机械费"乘以企业管理费、利润费率分别进行计算;采用"定额清单计价"的工程,综合单价所含企业管理费、利润应以定额项目中依据已标价清单综合单价确定的

“人工费＋机械费”乘以企业管理费、利润相应费率分别进行计算。其中，企业管理费、利润费率按投标报价时的相应费率保持不变。

3）风险费用。综合单价应包括风险费用，风险费用是指隐含于综合单价之中用于化解发承包双方在工程合同中约定风险内容和范围（幅度）内人工、材料、施工机械（仪器仪表）台班的市场价格波动风险的费用。以“暂估单价”计入综合单价的材料不考虑风险费用。

2　措施项目费。措施项目费按施工技术措施项目费、施工组织措施项目费之和进行计算。其中：

（1）施工技术措施项目费。施工技术措施项目费应以施工技术措施项目工程数量乘以综合单价以其合价之和进行计算。施工技术措施项目工程数量及综合单价的计算原则参照分部分项工程费相关内容处理。

（2）施工组织措施项目费。施工组织措施项目费分为安全文明施工基本费、标化工地增加费、提前竣工增加费、二次搬运费、冬雨季施工增加费和行车、行人干扰增加费，除安全文明施工基本费属于必须计算的施工组织措施费项目外，其余施工组织措施费项目可根据工程实际需要进行列项，工程实际不发生的项目不应计取其费用。

编制招标控制价时，施工组织措施项目费应以分部分项工程费与施工技术措施项目费中的“定额人工费＋定额机械费”乘以各施工组织措施项目相应费率以其合价之和进行计算。其中，安全文明施工基本费费率应按相应基准费率（即施工取费费率的中值）计取，其余施工组织措施项目费（“标化工地增加费”除外）费率均按相应施工取费费率的中值确定。

编制投标报价时，施工组织措施项目费应以分部分项工程费与施工技术措施项目费中的“人工费＋机械费”乘以各施工组织措施项目相应费率以其合价之和进行计算。其中，安全文明施工基本费费率应以不低于相应基准费率的90%（即施工取费费率的下限）计取，其余施工组织措施项目费（“标化工地增加费”除外）可参考相应施工取费费率由企业自主确定。

编制竣工结算时，施工组织措施项目费应以分部分项工程费与施工技术措施项目费中依据已标价清单综合单价确定的“人工费＋机械费”乘以各施工组织措施项目相应费率以其合价之和进行计算。其中，除法律、法规等政策性调整外，各施工组织措施项目的费率均按投标报价时的相应费率保持不变。

1）安全文明施工基本费。安全文明施工基本费分为非市区工程和市区工程。其中，市区工程是指城区、城镇等人流、车流集聚区的工程；非市区工程是指乡村等人流、车流非集聚区的工程。

对于工程规模变化较大的房屋建筑与装饰工程，应根据其取费基数额度（合同标段分部分项工程费与施工技术措施项目费所含“人工费＋机械费”）大小采用分档累进方式计算费用。

对于安全防护、文明施工有特殊要求和危险性较大的工程，需增加安全防护、文明施工措施所发生的费用可另列项目计算或要求投标报价的施工企业在费率中考虑。

安全文明施工基本费费率不包括市政、城市轨道交通高架桥（高架区间）及道路绿化等工程在施工区域沿线搭设的临时围挡（护栏）费用，发生时应按施工技术措施项目费另列项目进行计算。

施工现场与城市道路之间的连接道路硬化是发包人向承包人提供正常施工所需的交通条件，属工程建设其他费用中“场地准备及临时设施费”的包含内容。如由承包人负责实施，其费用应按实并经现场签证后另行计算。

2）标化工地增加费。标化工地施工费的基本内容已在安全文明施工基本费中综合考虑，但获得国家、省、设区市、县市区级安全文明施工标准化工地的，应计算标化工地增加费。

由于标化工地一般在工程竣工后进行评定，且不一定发生或达到预期要求的等级，编制招标控制价和投标报价时，标化工地增加费可按其他项目费的暂列金额计列；编制竣工结算时，标化工地增加费应以施工组织措施项目费计算。其中，合同约定有创安全文明施工标准化工地要求而实际未创建的，不计算标化工地增加费；实际创建等级与合同约定不符或合同无约定而实际创建的，按实际创建等级相应费率标准的75%～100%计算标化工地增加费（实际创建等级高于合同约定等级的，不应低于合同约定等级原有费率标准），并签订补充协议。

标化工地增加费分为非市区工程和市区工程，划分方法同安全文明施工基本费。

3)提前竣工增加费。提前竣工增加费以工期缩短的比例计取，工期缩短比例按以下公式确定：

$$工期缩短比例 = [(定额工期 - 合同工期)/定额工期] \times 100\% \quad (3.3.5)$$

缩短工期比例在30%以上者，应按审定的措施方案计算相应的提前竣工增加费。实际工期比合同工期提前的，应根据合同约定另行计算。

4)二次搬运费。二次搬运费适用于因施工场地狭小等特殊情况一次到不了施工现场而需要再次搬运发生的费用，不适用于上山及过河发生的费用。上山及过河所发生的费用应另列项目以现场签证进行计算。

5)冬雨季施工增加费。冬雨季施工增加费不包括暴雪、强台风、暴雨、高温等异常恶劣气候所引起的费用，发生时应另列项目以现场签证进行计算。

6)行车、行人干扰增加费。行车、行人干扰增加费已综合考虑按要求进行交通疏导、设置导行标志需发生的费用。

行车、行人干扰增加费适用对象主要包括：边施工边维持路面通车的市政道路、桥梁、隧道及其排水(含污水、给水、燃气、供热、电力、通信等的管道和开挖施工的综合管廊及相应构筑物)、路灯、交通设施等的改造和养护维修工程；占用交通道路进行施工的城市轨道交通高架桥工程及相应轨道工程；道路绿化(含景观)的改造与养护工程。

3 其他项目费。其他项目费按照不同计价阶段结合工程实际确定计价内容。其中，编制招标控制价和投标报价时，按暂列金额、暂估价、计日工和施工总承包服务费中实际发生项的合价之和进行计算；编制竣工结算时，按专业工程结算价、计日工、施工总承包服务费、索赔与现场签证费和优质工程增加费中实际发生项的合价之和进行计算。

(1)暂列金额。暂列金额按标化工地暂列金额、优质工程暂列金额、其他暂列金额之和进行计算。招标控制价与投标报价的暂列金额应保持一致，竣工结算时，暂列金额应予以取消，另根据工程实际发生项目增加相应费用。

1)标化工地暂列金额。标化工地暂列金额应以招标控制价中分部分项工程费与施工技术措施项目费的“定额人工费+定额机械费”乘以标化工地增加费相应费率进行计算。其中，招标文件有创安全文明施工标准化工地要求的，按要求等级对应费率计算。

2)优质工程暂列金额。优质工程暂列金额应以招标控制价中除暂列金额外的税前工程造价乘以优质工程增加费相应费率进行计算。其中，招标文件有创优质工程要求的，按要求等级对应费率计算。

3)其他暂列金额。其他暂列金额应以招标控制价中除暂列金额外的税前工程造价乘以相应估算比例进行计算，估算比例一般不高于5%。

(2)暂估价。暂估价按专业工程暂估价和专项措施暂估价之和进行计算。招标控制价与投标报价的暂估价应保持一致，竣工结算时，专业工程暂估价用专业工程结算价取代，专项措施暂估价用专项措施结算价取代并计入施工技术措施项目费及相关费用。材料及工程设备暂估价按其暂估单价列入分部分项工程项目的综合单价计算。

1)专业工程暂估价。专业工程暂估价按各专业工程的暂估金额之和进行计算。各专业工程的暂估金额应由招标人在发承包计价前根据各专业工程的具体情况和有关计价规定以除税金以外的全部费用分别进行估算。

专业工程暂估价分为按规定必须招标并纳入施工总承包管理范围的发包人发包专业工程暂估价(以下简称“专业发包工程暂估价”)和按规定无须招标属于施工总承包人自行承包内容的专业工程暂估价。

2)专项措施暂估价。专项措施暂估价按各专项措施的暂估金额之和进行计算。各专项措施的暂估金额应由招标人在发承包计价前，根据各专项措施的具体情况和有关计价规定以除税金以外的全部费用分别进行估算。

(3)计日工。计日工按计日工数量乘以计日工综合单价以其合价之和进行计算。

1)计日工数量。编制招标控制价和投标报价时,计日工数量应统一以招标人在发承包计价前提供的“暂估数量”进行计算;编制竣工结算时,计日工数量应按实际发生并经发承包双方签证认可的“确认数量”进行调整。

2)计日工综合单价。计日工综合单价应以除税金以外的全部费用进行计算。编制招标控制价时,应按有关计价规定并充分考虑市场价格波动因素计算;编制投标报价时,可由企业自主确定;编制竣工结算时,除计日工特征内容发生变化应予以调整外,其余按投标报价时的相应价格保持不变。

(4)施工总承包服务费。施工总承包服务费按专业发包工程管理费和甲供材料设备保管费之和进行计算。

1)专业发包工程管理费。发包人对其发包工程中的相关专业工程进行单独发包的,施工总承包人可向发包人计取专业发包工程管理费。专业发包工程管理费按各专业发包工程金额乘以专业发包工程管理费相应费率以其合价之和进行计算。

编制招标控制价和投标报价时,各专业发包工程金额应统一按专业工程暂估价内相应专业发包工程的暂估金额取定;编制竣工结算时,各专业发包工程金额应以专业工程结算价内相应专业发包工程的结算金额进行调整。

编制招标控制价时,专业发包工程管理费费率应根据要求提供的服务内容,按相应区间费率的中值计算;编制投标报价时,专业发包工程管理费费率可参考相应区间费率由企业自主确定;编制竣工结算时,除服务内容和要求发生变化应予以调整外,其余按投标报价时的相应费率保持不变。

发包人仅要求施工总承包人对其单独发包的专业工程提供现场堆放场地、现场供水供电管线(水电费用可另行按实计收)、施工现场管理、竣工资料汇总整理等服务而进行的施工总承包管理和协调时,施工总承包人可按专业发包工程金额的1%～2%向发包人计取专业发包工程管理费。施工总承包人完成其自行承包工程范围内所搭建的临时道路、施工围挡(围墙)、脚手架等措施项目,在合理的施工进度计划期间应无偿提供给专业工程分包人使用,专业工程分包人不得重复计算相应费用。

发包人要求施工总承包人对其单独发包的专业工程进行施工总承包管理和协调,并同时要求提供垂直运输等配合服务时,施工总承包人可按专业发包工程金额的2%～4%向发包人计取专业发包工程管理费,专业工程分包人不得重复计算相应费用。

发包人未对其单独发包的专业工程要求施工总承包人提供垂直运输等配合服务的,专业承包人应在投标报价时,考虑其垂直运输等相关费用。如施工时仍由总承包人提供垂直运输等配合服务的,其费用由总包、分包人根据实际发生情况自行商定。

当专业发包工程经招标实际由施工总承包人承包的,专业发包工程管理费不计。

2)甲供材料设备保管费。发包人自行提供材料、工程设备的,对其所提供的材料、工程设备进行管理、服务的单位(施工总承包人或专业工程分包人)可向发包人计取甲供材料设备保管费。甲供材料设备保管费按甲供材料金额、甲供设备金额分别乘以各自的保管费费率以其合价之和进行计算。

编制招标控制价和投标报价时,甲供材料金额和甲供设备金额应统一以招标人在发承包计价前按暂定数量和暂估单价(含税价)确定并提供的暂估金额取定;编制竣工结算时,甲供材料和甲供设备应按发承包双方确定的金额进行调整。

编制招标控制价时,甲供材料和甲供设备保管费费率应按相应区间费率的中值计算;编制投标报价时,甲供材料和甲供设备保管费费率可参考相应区间费率由企业自主确定;编制竣工结算时,除服务内容和要求发生变化应予以调整外,其余按投标报价时的相应费率保持不变。

(5)专业工程结算价。专业工程结算价按各专业工程的结算金额之和进行计算。各专业工程的结算金额应根据各自的合同约定,按不包括税金在内的全部费用分别进行计价,计价方法及原则参照单位工程相应内容。

专业工程结算价分为按规定必须招标并纳入施工总承包管理范围的发包人发包专业工程结算价

(以下简称“专业发包工程结算价”)和按规定无须招标属于施工总承包人自行承包内容的专业工程结算价。其中,属于施工总承包人自行承包内容的专业工程可按工程变更直接列入分部分项工程费、措施项目费及相关费用进行计算。

(6)索赔与现场签证费。索赔与现场签证费按索赔费用和签证费用之和进行计算。

1)索赔费用。索赔费用按各索赔事件的索赔金额之和进行计算。各索赔事件的索赔金额应根据合同约定和相关计价规定,可参照索赔事件发生当期的市场信息价格以除税金以外的全部费用进行计价。涉及分部分项工程、施工技术措施项目的数量、价格确认及其项目改变的索赔内容,其相应费用可分别列入分部分项工程费和施工技术措施项目费进行计算。

2)签证费用。签证费用按各签证事项的签证金额之和进行计算。各签证事项的签证金额应根据合同约定和相关计价规定,可参照签证事项发生当期的市场信息价格以除税金以外的全部费用进行计价。遇签证事项的内容列有计日工的,可直接并入计日工计算;涉及分部分项工程、施工技术措施项目的数量、价格确认及其项目改变的签证内容,其相应费用可分别列入分部分项工程费和施工技术措施项目费进行计算。

(7)优质工程增加费。浙江省“专业定额”的消耗量水平按合格工程考虑,获得国家、省、设区市、县市区级优质工程的,应计算优质工程增加费。优质工程增加费以获奖工程除本费用之外的税前工程造价乘以优质工程增加费相应费率进行计算。

由于优质工程是在工程竣工后进行评定,且不一定发生或达到预期要求的等级,遇发包人有优质工程要求的,编制招标控制价和投标报价时,优质工程增加费可按暂列金额方式列项计算。

合同约定有工程获奖目标等级要求而实际未获奖的,不计算优质工程增加费;实际获奖等级与合同约定不符或合同无约定而实际获奖的,按实际获奖等级相应费率标准的75%~100%计算优质工程增加费(实际获奖等级高于合同约定等级的,不应低于合同约定等级原有费率标准),并签订补充协议。

4 规费。

(1)规费应根据本规则依据国家法律、法规所测定的费率计取。

(2)本规则规费费率包括养老保险费、失业保险费、医疗保险费、生育保险费、工伤保险费和住房公积金等“五险一金”。

(3)编制招标控制价时,规费应以分部分项工程费与施工技术措施项目费中的“定额人工费+定额机械费”乘以规费相应费率进行计算;编制投标报价时,投标人应根据本企业实际交纳“五险一金”情况自主确定规费费率,规费应以分部分项工程费与施工技术措施项目费中的“人工费+机械费”乘以自主确定规费费率进行计算;编制竣工结算时,规费应以分部分项工程费与施工技术措施项目费中依据已标价清单综合单价确定的“人工费+机械费”乘以规费相应费率进行计算。

5 税前工程造价。税前工程造价按分部分项工程费、措施项目费、其他项目费、规费之和进行计算。

6 税金。

(1)税金应根据本规则依据国家税法规定的计税基数和税率计取,不得作为竞争性费用。

(2)税金按税前工程造价乘以增值税相应税率进行计算。遇税前工程造价包含甲供材料、甲供设备金额的,应在计税基数中予以扣除;增值税税率应根据计价工程按规定选择的适用计税方法分别以增值税销项税税率或增值税征收率取定。

7 建筑安装工程造价。建筑安装工程造价按税前工程造价、税金之和进行计算。

3.3.6 其他相关计价规定。

1 建筑安装工程计价所称“人工费”是指按照建筑安装工程费费用构成要素划分的人工费,不包括属于机械费组成内容的机上人工费;大型机械设备进出场及安拆费不能直接作为“机械费”计算,应根据其费用组成分别计入人工费、材料费、机械费等相应费用,其中的人工费和机械费可用作取费基数。

2 本规则以“人工费+机械费”为取费基数的费率标准,是以2018版“专业定额”所取定的基期价格为基础进行测算的,适用于按基期价格确定的取费基数计价。因设计变更等原因引起增加且无适用综合单价的工程项目,其施工取费费率若按本规则费率标准执行,取费基数的计算口径应与编制招标控制价相同。

3　本规则施工取费费率是按单位工程综合测定的，除本规则已列有的分部项目（即专业工程）外，不适用于分部分项工程计价。

4　本规则凡规定乘以系数进行调整的费率，其小数保留位数应与原费率小数位数保持一致。

3.4　建筑安装工程费用计算程序

3.4.1　建筑安装工程费用计算程序按照不同阶段的计价活动分别进行设置，包括建筑安装工程概算费用计算程序和建筑安装工程施工费用计算程序。其中，建筑安装工程施工费用计算程序分为招投标阶段和竣工结算阶段两种。

3.4.2　建筑安装工程概算费用计算程序按表3.4.2计算。

表3.4.2　建筑安装工程概算费用计算程序

序号	费用项目		计算方法（公式）
一	概算分部分项工程费		Σ（概算分部分项工程数量×综合单价）
	其中	1.人工费+机械费	Σ概算分部分项工程（定额人工费+定额机械费）
二	总价综合费用		1×费率
三	概算其他费用		2+3+4
	其中	2.标化工地预留费	1×费率
		3.优质工程预留费	（一+二）×费率
		4.概算扩大费用	（一+二）×扩大系数
四	税前概算费用		一+二+三
五	税金（增值税销项税）		四×税率
六	建筑安装工程概算费用		四+五

注：1.本计算程序适用于单位工程的概算编制。

2.概算分部分项工程费所列"人工费+机械费"仅指用于取费基数部分的定额人工费与定额机械费之和。

3.4.3　建筑安装工程施工费用计算程序。

1　招投标阶段按表3.4.3-1计算。

表3.4.3-1　招投标阶段建筑安装工程施工费用计算程序

序号	费用项目		计算方法（公式）
一	分部分项工程费		Σ（分部分项工程数量×综合单价）
	其中	1.人工费+机械费	Σ分部分项工程（人工费+机械费）
二	措施项目费		（一）+（二）
	（一）施工技术措施项目费		Σ（技术措施项目工程数量×综合单价）
	其中	2.人工费+机械费	Σ技术措施项目（人工费+机械费）
	（二）施工组织措施项目费		按实际发生项之和进行计算
	其中	3.安全文明施工基本费	（1+2）×费率
		4.提前竣工增加费	
		5.二次搬运费	
		6.冬雨季施工增加费	
		7.行车、行人干扰增加费	
		8.其他施工组织措施费	按相关规定进行计算

续表 3.4.3-1

序号	费用项目		计算方法(公式)
三	其他项目费		(三)+(四)+(五)+(六)
	(三)暂列金额		9+10+11
	其中	9. 标化工地暂列金额	(1+2)×费率
		10. 优质工程暂列金额	除暂列金额外税前工程造价×费率
		11. 其他暂列金额	除暂列金额外税前工程造价×估算比例
	(四)暂估价		12+13
	其中	12. 专业工程暂估价	按各专业工程的除税金外全费用暂估金额之和进行计算
		13. 专项措施暂估价	按各专项措施的除税金外全费用暂估金额之和进行计算
	(五)计日工		Σ计日工(暂估数量×综合单价)
	(六)施工总承包服务费		14+15
	其中	14. 专业发包工程管理费	Σ专业发包工程(暂估金额×费率)
		15. 甲供材料设备保管费	甲供材料暂估金额×费率+甲供设备暂估金额×费率
四	规费		(1+2)×费率
五	税前工程造价		一+二+三+四
六	税金(增值税销项税或征收率)		五×税率
七	建筑安装工程造价		五+六

注:1. 本计算程序适用于单位工程的招标控制价和投标报价编制。

2. 分部分项工程费、施工技术措施项目费所列“人工费+机械费”,编制招标控制价时仅指用于取费基数部分的定额人工费与定额机械费之和。

3. 其他项目费的构成内容按照施工总承包工程计价要求设置,专业发包工程及未实行施工总承包的工程,可根据实际需要做相应调整。

4. 标化工地暂列金额按施工总承包人自行承包的范围考虑,专业发包工程的标化工地暂列金额应包含在相应的暂估金额内,优质工程暂列金额、其他暂列金额已涵盖专业发包工程的内容,编制专业发包工程招标控制价和投标报价时,不再另行列项计算。

5. 专业工程暂估价包括专业发包工程暂估价和施工总承包人自行承包的专业工程暂估价,专项措施暂估价按施工总承包人自行承包范围的内容考虑,专业发包工程的专项措施暂估价应包含在相应的暂估金额内,按暂估单价计算的材料及工程设备暂估价,发生时应分别列入分部分项工程的相应综合单价内计算。

6. 施工总承包服务费中的专业发包工程管理费以专业工程暂估价内属于专业发包工程暂估价部分的各专业工程暂估金额为基数进行计算,甲供材料设备保管费按施工总承包人自行承包的范围考虑,专业发包工程的甲供材料设备保管费应包含在相应的暂估金额内。

7. 编制招标控制价和投标报价时,可按规定选择增值税一般计税法或简易计税法进行计税,招标控制价与投标报价的计税方法应当一致。遇税前工程造价包含甲供材料及甲供设备暂估金额的,应在计税基数中予以扣除。

2 竣工结算阶段按表 3.4.3-2 计算。

表 3.4.3-2 竣工结算阶段建筑安装工程施工费用计算程序

序号	费用项目		计算方法(公式)
一	分部分项工程费		Σ分部分项工程(工程数量×综合单价+工料机价差)
	其中	1. 人工费+机械费	Σ分部分项工程(人工费+机械费)
		2. 工料机价差	Σ分部分项工程(人工费价差+材料费价差+机械费价差)

续表 3.4.3-2

序号	费用项目		计算方法(公式)
二	措施项目费		(一)+(二)
	(一)施工技术措施项目费		Σ技术措施项目(工程数量×综合单价+工料机价差)
	其中	3.人工费+机械费	Σ技术措施项目(人工费+机械费)
		4.工料机价差	Σ技术措施项目(人工费价差+材料费价差+机械费价差)
	(二)施工组织措施项目费		按实际发生项之和进行计算
	其中	5.安全文明施工基本费	(1+3)×费率
		6.标化工地增加费	
		7.提前竣工增加费	
		8.二次搬运费	
		9.冬雨季施工增加费	
		10.行车、行人干扰增加费	
		11.其他施工组织措施费	按相关规定进行计算
三	其他项目费		(三)+(四)+(五)+(六)+(七)
	(三)专业发包工程结算价		按各专业发包工程的除税金外全费用结算金额之和进行计算
	(四)计日工		Σ计日工(确认数量×综合单价)
	(五)施工总承包服务费		12+13
	其中	12.专业发包工程管理费	Σ专业发包工程(结算金额×费率)
		13.甲供材料设备保管费	甲供材料确认金额×费率+甲供设备确认金额×费率
	(六)索赔与现场签证费		14+15
	其中	14.索赔费用	按各索赔事件的除税金外全费用金额之和进行计算
		15.签证费用	按各签证事项的除税金外全费用金额之和进行计算
	(七)优质工程增加费		除优质工程增加费外税前工程造价×费率
四	规费		(1+3)×费率
五	税前工程造价		一+二+三+四
六	税金(增值税销项税)		五×税率
七	建筑安装工程造价		五+六

注:1.本计算程序适用于单位工程的竣工结算编制。

2.分部分项工程费、施工技术措施项目费所列“人工费+机械费”仅指竣工结算时依据已标价清单综合单价确定的用于取费基数部分的人工费与机械费之和。

3.分部分项工程费、施工技术措施项目费所列“工料机价差”是指竣工结算时按照合同约定计算的因价格波动所引起的人工费、材料费、机械费价差。

4.其他项目费的构成内容按照施工总承包工程计价要求设置,专业发包工程及未实行施工总承包的工程应根据实际情况做相应调整。

5.专业工程结算价仅按专业发包工程结算价列项计算,凡经过二次招标属于施工总承包人自行承包的专业工程结算时,将其直接列入总包工程的分部分项工程费、措施项目费及相关费用中。

6.计日工、甲供材料设备保管费、索赔与现场签证费及优质工程增加费仅限于施工总承包人自行发生部分内容的计算。专业发包工程分包人所发生的计日工、甲供材料设备保管费、索赔与现场签证费及优质工程增加费,应分别计入专业发包工程相应结算金额内。

7.编制竣工结算时,计税方法应与招标控制价、投标报价保持一致。遇税前工程造价包含甲供材料及甲供设备金额的,应在计税基数中予以扣除。

4 建筑安装工程施工取费费率

4.1 房屋建筑与装饰工程施工取费费率

4.1.1 房屋建筑与装饰工程企业管理费费率按表4.1.1计取。

表4.1.1 房屋建筑与装饰工程企业管理费费率

定额编号	项目名称	计算基数	费率(%)					
			一般计税			简易计税		
			下限	中值	上限	下限	中值	上限
A1	企业管理费							
A1-1	房屋建筑及构筑物工程	人工费+机械费	12.43	16.57	20.71	12.12	16.16	20.20
A1-2	单独装饰工程	人工费+机械费	11.37	15.16	18.95	11.15	14.86	18.57
A1-3	专业打桩、钢结构、幕墙及其他专业工程	人工费+机械费	10.12	13.49	16.86	9.92	13.22	16.52
A1-4	专业土石方工程	人工费+机械费	4.15	5.53	6.91	3.82	5.09	6.36

注:企业管理费费率使用说明:

1. 房屋建筑及构筑物工程适用于工业与民用建筑工程、单独构筑物及其他工程,并包括相应的附属工程;单独装饰工程仅适用于单独承包的装饰工程;专业工程仅适用于房屋建筑与装饰工程中单独承包的专业发包工程;其他专业工程是指本费率表所列专业工程项目以外的,需具有专业工程施工资质施工的专业发包工程。
2. 采用装配整体式混凝土结构的工程,其费率应根据不同PC率(预制装配率)乘以相应系数进行调整。其中,PC率20%及20%以上至30%以内的,调整系数为1.1;PC率40%以内的,调整系数为1.15;PC率50%以内的,调整系数为1.2;PC率50%以上的,调整系数为1.25。

4.1.2 房屋建筑与装饰工程利润费率按表4.1.2计取。

表4.1.2 房屋建筑与装饰工程利润费率

定额编号	项目名称	计算基数	费率(%)					
			一般计税			简易计税		
			下限	中值	上限	下限	中值	上限
A2	利润							
A2-1	房屋建筑及构筑物工程	人工费+机械费	6.08	8.10	10.12	5.93	7.90	9.87
A2-2	单独装饰工程	人工费+机械费	5.72	7.62	9.52	5.60	7.47	9.34
A2-3	专业打桩、钢结构、幕墙及其他专业工程	人工费+机械费	5.72	7.63	9.54	5.59	7.45	9.31
A2-4	专业土石方工程	人工费+机械费	2.03	2.70	3.37	1.87	2.49	3.11

注:利润费率使用说明同企业管理费。

4.1.3 房屋建筑与装饰工程施工组织措施项目费费率按表4.1.3计取。

表4.1.3 房屋建筑与装饰工程施工组织措施项目费费率

定额编号	项目名称		计算基数	费率(%) 一般计税 下限	一般计税 中值	一般计税 上限	简易计税 下限	简易计税 中值	简易计税 上限
A3	施工组织措施项目费								
A3-1	安全文明施工基本费								
A3-1-1	其中	非市区工程	人工费+机械费	7.14	7.93	8.72	7.37	8.19	9.01
A3-1-2		市区工程		8.57	9.52	10.47	8.84	9.82	10.80
A3-2	标化工地增加费								
A3-2-1	其中	非市区工程	人工费+机械费	1.27	1.49	1.79	1.31	1.54	1.85
A3-2-2		市区工程		1.54	1.81	2.17	1.58	1.86	2.23
A3-3	提前竣工增加费								
A3-3-1	其中	缩短工期比例10%以内	人工费+机械费	0.01	0.52	1.03	0.01	0.54	1.07
A3-3-2		缩短工期比例20%以内		1.03	1.29	1.55	1.07	1.33	1.59
A3-3-3		缩短工期比例30%以内		1.55	1.79	2.03	1.59	1.85	2.11
A3-4	二次搬运费		人工费+机械费	0.40	0.50	0.60	0.42	0.52	0.62
A3-5	冬雨季施工增加费		人工费+机械费	0.06	0.11	0.16	0.07	0.12	0.17

注:施工组织措施项目费费率使用说明:

1. 采用装配整体式混凝土结构的工程,其施工组织措施项目费费率应根据不同PC率乘以相应系数进行调整。不同PC率的费率调整系数同企业管理费。
2. 专业土石方工程的施工组织措施项目费费率乘以系数0.35。
3. 房屋建筑与装饰工程的安全文明施工基本费按其取费基数额度(合同标段分部分项工程费与施工技术措施项目费所含"人工费+机械费")大小采用分档累进以递减方式计算费用。其中,取费基数额度500万元以内的执行标准费率;500万元以上至2000万元以内部分按标准费率乘以系数0.9;2000万元以上至5000万元以内部分按标准费率乘以系数0.8;5000万元以上部分按标准费率乘以系数0.7。
4. 单独装饰工程与专业打桩、钢结构、幕墙及其他专业工程的安全文明施工基本费费率乘以系数0.6。
5. 标化工地增加费费率的下限、中值、上限分别对应设区市级、省级、国家级标化工地,县市区级标化工地的费率按费率中值乘以系数0.7。

4.1.4 房屋建筑与装饰工程其他项目费费率按表 4.1.4 计取。

表 4.1.4 房屋建筑与装饰工程其他项目费费率

定额编号	项目名称		计算基数	费率(%)
A4	其他项目费			
A4-1	优质工程增加费			
A4-1-1	其中	县市区级优质工程	除优质工程增加费外税前工程造价	1.50
A4-1-2	其中	设区市级优质工程	除优质工程增加费外税前工程造价	2.00
A4-1-3	其中	省级优质工程	除优质工程增加费外税前工程造价	3.00
A4-1-4	其中	国家级优质工程	除优质工程增加费外税前工程造价	4.00
A4-2	施工总承包服务费			
A4-2-1	其中	专业发包工程管理费(管理、协调)	专业发包工程金额	1.00~2.00
A4-2-2	其中	专业发包工程管理费(管理、协调、配合)	专业发包工程金额	2.00~4.00
A4-2-3	其中	甲供材料保管费	甲供材料金额	0.50~1.00
A4-2-4	其中	甲供设备保管费	甲供设备金额	0.20~0.50

注:其他项目费费率使用说明:

1. 其他项目费不分计税方法,统一按相应费率执行。
2. 优质工程增加费费率按工程质量综合性奖项测定,适用于获得工程质量综合性奖项工程的计价;获得工程质量单项性专业奖项的工程,费率标准由发承包双方自行商定。
3. 施工总承包服务费中专业发包工程管理费的取费基数按其税前金额确定,不包括相应的销项税;甲供材料保管费和甲供设备保管费的取费基数按其含税金额计算,包括相应的进项税。

4.1.5 房屋建筑与装饰工程规费费率按表 4.1.5 计取。

表 4.1.5 房屋建筑与装饰工程规费费率

定额编号	项目名称	计算基数	费率(%)	
			一般计税	简易计税
A5	规费			
A5-1	房屋建筑及构筑物工程	人工费+机械费	25.78	25.15
A5-2	单独装饰工程	人工费+机械费	27.92	27.37
A5-3	专业打桩、钢结构、幕墙及其他专业工程	人工费+机械费	25.08	24.49
A5-4	专业土石方工程	人工费+机械费	12.62	11.65

注:规费费率使用说明同企业管理费。

4.1.6 房屋建筑与装饰工程税金税率按表4.1.6计取。

表4.1.6 房屋建筑与装饰工程税金税率

定额编号	项目名称	适用计税方法	计算基数	税率(%)
A6	增值税			
A6－1	增值税销项税	一般计税方法	税前工程造价	10.00
A6－2	增值税征收率	简易计税方法		3.00

注:采用一般计税方法计税时,税前工程造价中的各费用项目均不包含增值税进项税额;采用简易计税方法计税时,税前工程造价中的各费用项目均应包含增值税进项税额。

4.2 通用安装工程施工取费费率

4.2.1 通用安装工程企业管理费费率按表4.2.1计取。

表4.2.1 通用安装工程企业管理费费率

定额编号	项目名称	计算基数	费率(%)					
			一般计税			简易计税		
			下限	中值	上限	下限	中值	上限
B1	企业管理费							
B1－1	水、电、暖通、消防、智能、自控及通信安装工程	人工费＋机械费	16.29	21.72	27.15	16.20	21.60	27.00
B1－2	设备及工艺金属结构安装工程		14.48	19.31	24.14	14.32	19.09	23.86

注:消防安装工程和智能化安装工程不分单独承包与非单独承包,统一按相应费率执行。

4.2.2 通用安装工程利润费率按表4.2.2计取。

表4.2.2 通用安装工程利润费率

定额编号	项目名称	计算基数	费率(%)					
			一般计税			简易计税		
			下限	中值	上限	下限	中值	上限
B2	利润							
B2－1	水、电、暖通、消防、智能、自控及通信安装工程	人工费＋机械费	7.80	10.40	13.00	7.76	10.35	12.94
B2－2	设备及工艺金属结构安装工程		7.43	9.91	12.39	7.35	9.80	12.25

注:利润费率使用说明同企业管理费。

4.2.3 通用安装工程施工组织措施项目费费率按表 4.2.3 计取。

表 4.2.3 通用安装工程施工组织措施项目费费率

定额编号	项目名称		计算基数	费率(%)					
				一般计税			简易计税		
				下限	中值	上限	下限	中值	上限
B3	施工组织措施项目费								
B3－1	安全文明施工基本费								
B3－1－1	其中	非市区工程	人工费＋机械费	5.33	5.92	6.51	5.60	6.22	6.84
B3－1－2	其中	市区工程	人工费＋机械费	6.39	7.10	7.81	6.72	7.47	8.22
B3－2	标化工地增加费								
B3－2－1	其中	非市区工程	人工费＋机械费	1.43	1.68	2.02	1.50	1.77	2.12
B3－2－2	其中	市区工程	人工费＋机械费	1.73	2.03	2.44	1.82	2.14	2.57
B3－3	提前竣工增加费								
B3－3－1	其中	缩短工期比例 10%以内	人工费＋机械费	0.01	0.83	1.65	0.01	0.88	1.75
B3－3－2	其中	缩短工期比例 20%以内	人工费＋机械费	1.65	2.06	2.47	1.75	2.16	2.57
B3－3－3	其中	缩短工期比例 30%以内	人工费＋机械费	2.47	2.97	3.47	2.57	3.12	3.67
B3－4	二次搬运费		人工费＋机械费	0.08	0.26	0.44	0.09	0.27	0.45
B3－5	冬雨季施工增加费		人工费＋机械费	0.06	0.13	0.20	0.07	0.14	0.21

注:施工组织措施项目费费率使用说明:

1. 通用安装工程的安全文明施工基本费费率是按照与建(构)筑物同步交叉配合施工的建筑设备安装工程进行测算,工业设备安装工程及不与建(构)筑物同步交叉配合施工(即单独进场施工)的建筑设备安装工程,其安全文明施工基本费费率乘以系数 1.4。
2. 标化工地增加费费率的下限、中值、上限分别对应设区市级、省级、国家级标化工地,县市区级标化工地的费率按费率中值乘以系数 0.7。

4.2.4 通用安装工程其他项目费费率按表 4.2.4 计取。

表 4.2.4 通用安装工程其他项目费费率

定额编号	项目名称		计算基数	费率(%)
B4	其他项目费			
B4－1	优质工程增加费			
B4－1－1	其中	县市区级优质工程	除优质工程增加费外税前工程造价	1.00
B4－1－2	其中	设区市级优质工程	除优质工程增加费外税前工程造价	1.35
B4－1－3	其中	省级优质工程	除优质工程增加费外税前工程造价	1.80
B4－1－4	其中	国家级优质工程	除优质工程增加费外税前工程造价	2.25

续表 4.2.4

定额编号	项目名称		计算基数	费率(%)
B4-2	施工总承包服务费			
B4-2-1	其中	专业发包工程管理费(管理、协调)	专业发包工程金额	1.00~2.00
B4-2-2		专业发包工程管理费(管理、协调、配合)		2.00~4.00
B4-2-3		甲供材料保管费	甲供材料金额	0.50~1.00
B4-2-4		甲供设备保管费	甲供设备金额	0.20~0.50

注:其他项目费费率使用说明:

1. 其他项目费不分计税方法,统一按相应费率执行。
2. 优质工程增加费费率按工程质量综合性奖项测定,适用于获得工程质量综合性奖项工程的计价;获得工程质量单项性专业奖项的工程,费率标准由发承包双方自行商定。
3. 专业发包工程管理费的取费基数按其税前金额确定,不包括相应的销项税;甲供材料保管费和甲供设备保管费的取费基数按其含税金额计算,包括相应的进项税。

4.2.5 通用安装工程规费费率按表 4.2.5 计取。

表 4.2.5 通用安装工程规费费率

定额编号	项目名称	计算基数	费率(%)	
			一般计税	简易计税
B5	规费			
B5-1	水、电、暖通、消防、智能、自控及通信安装工程	人工费+机械费	30.63	30.48
B5-2	设备及工艺金属结构安装工程		27.66	27.36

注:规费费率使用说明同企业管理费。

4.2.6 通用安装工程税金税率按表 4.2.6 计取。

表 4.2.6 通用安装工程税金税率

定额编号	项目名称	适用计税方法	计算基数	税率(%)
B6	增值税			
B6-1	增值税销项税	一般计税方法	税前工程造价	10.00
B6-2	增值税征收率	简易计税方法		3.00

注:采用一般计税方法计税时,税前工程造价中的各费用项目均不包含增值税进项税额;采用简易计税方法计税时,税前工程造价中的各费用项目均应包含增值税进项税额。

4.3 市政工程施工取费费率

4.3.1 市政工程企业管理费费率按表 4.3.1 计取。

表4.3.1 市政工程企业管理费费率

定额编号	项目名称		计算基数	费率(%)					
				一般计税			简易计税		
				下限	中值	上限	下限	中值	上限
C1	企业管理费								
C1－1	市政土建工程								
C1－1－1	其中	道路、排水、河道护岸、水处理构筑物及城市综合管廊、生活垃圾处理工程	人工费＋机械费	12.78	17.04	21.30	12.11	16.15	20.19
C1－1－2		桥梁工程		14.69	19.58	24.47	14.09	18.79	23.49
C1－1－3		隧道工程		7.17	9.56	11.95	6.93	9.24	11.55
C1－1－4		专业土石方工程		2.48	3.30	4.12	2.29	3.05	3.81
C1－2	市政安装工程		人工费＋机械费	12.59	16.78	20.97	12.40	16.53	20.66

注：企业管理费费率使用说明：

1. 市政土建工程划分为道路、排水、河道护岸、水处理构筑物及城市综合管廊、生活垃圾处理工程，桥梁工程，隧道工程，专业土石方工程。其中：

(1)道路工程适用于城市地面高速干道、主干道、次干道、支路、街道以及园林景区、公园、居民区(厂区、校区)等区域内按市政标准设计的道路、广场、停车场、运动场、操场、跑道等，并包括交通标志标线等相应的附属工程。

(2)排水工程适用于城市雨水、污水、排水管网以及园林景区、公园、居民区(厂区、校区)等区域内按市政标准设计的雨水、污水、排水管道，并包括管道土石方挖填、检查井等相应的附属工程。

(3)河道护岸工程包括单独排洪工程(含明渠、暗渠及截洪沟)、护岸护坡及土堤等工程，并包括相应的附属工程。

(4)水处理构筑物及城市综合管廊工程适用于城市各类水处理构筑物(含自来水厂、排水泵站、污水处理厂等市政设施的构筑物)以及采用开槽施工的城市地下综合管廊工程，并包括相应的附属工程。采用不开槽施工的城市地下综合管廊按隧道工程的相应费率执行。

(5)生活垃圾处理工程适用于生活垃圾填埋场、生活垃圾焚烧厂内相关设施及附属工程。

(6)桥梁工程适用于城市水域桥梁、城市地面桥梁(含立交桥、高架路、人行天桥等)、车行(或人行)箱涵等工程，并包括相应的附属工程。

(7)隧道工程适用于城市岩石山体隧道以及软土地带的地下(或水下)隧道工程，并包括相应的装饰等附属工程。

(8)专业土石方工程仅适用于市政工程中单独承包的土石方专业发包工程。

2. 市政安装工程适用于城市给水管网(含自来水厂内给水管道、长距离城市供水管道等)、燃气管网、供热管网、路灯及智能交通设施等工程，并包括相应的附属工程。遇单独管网改造工程时，还包括各类管线的开挖与回填。

3. 水处理构筑物、城市综合管廊和隧道工程中的机电、照明、消防等相关设备安装工程按通用安装工程相应费率及其规定执行。

4.3.2 市政工程利润费率按表4.3.2计取。

表4.3.2 市政工程利润费率

定额编号	项目名称		计算基数	费率(%)					
				一般计税			简易计税		
				下限	中值	上限	下限	中值	上限
C2	利润								
C2-1	市政土建工程								
C2-1-1	其中	道路、排水、河道护岸、水处理构筑物及城市综合管廊、生活垃圾处理工程	人工费+机械费	7.49	9.99	12.49	7.10	9.46	11.82
C2-1-2		桥梁工程		5.69	7.58	9.47	5.47	7.29	9.11
C2-1-3		隧道工程		4.87	6.49	8.11	4.70	6.26	7.82
C2-1-4		专业土石方工程		2.03	2.70	3.37	1.87	2.49	3.11
C2-2	市政安装工程		人工费+机械费	8.58	11.44	14.30	8.42	11.23	14.04

注:利润费率使用说明同企业管理费。

4.3.3 市政工程施工组织措施项目费费率。

1 市政土建工程按表4.3.3-1计取。

表4.3.3-1 市政土建工程施工组织措施项目费费率

定额编号	项目名称		计算基数	费率(%)					
				一般计税			简易计税		
				下限	中值	上限	下限	中值	上限
CJ3	施工组织措施项目费								
CJ3-1	安全文明施工基本费								
CJ3-1-1	其中	非市区工程	人工费+机械费	6.57	7.30	8.03	6.62	7.35	8.08
CJ3-1-2		市区工程		7.66	8.51	9.36	7.70	8.56	9.42
CJ3-2	标化工地增加费								
CJ3-2-1	其中	非市区工程	人工费+机械费	1.19	1.40	1.68	1.20	1.41	1.69
CJ3-2-2		市区工程		1.40	1.65	1.98	1.41	1.66	1.99
CJ3-3	提前竣工增加费								
CJ3-3-1	其中	缩短工期比例10%以内	人工费+机械费	0.01	0.56	1.11	0.01	0.57	1.13
CJ3-3-2		缩短工期比例20%以内		1.11	1.38	1.65	1.13	1.40	1.67
CJ3-3-3		缩短工期比例30%以内		1.65	1.91	2.17	1.67	1.93	2.19
CJ3-4	二次搬运费		人工费+机械费	0.38	0.48	0.58	0.39	0.49	0.59
CJ3-5	冬雨季施工增加费		人工费+机械费	0.07	0.13	0.19	0.08	0.14	0.20
CJ3-6	行车、行人干扰增加费		人工费+机械费	1.35	1.69	2.03	1.36	1.70	2.04

注:市政土建工程施工组织措施项目费费率使用说明:

1. 市政土建工程的施工组织措施项目费费率适用于道路、排水、河道护岸、水处理构筑物及城市综合管廊、生活垃圾处理工程,桥梁工程,隧道工程和专业土石方工程。
2. 专业土石方工程的施工组织措施项目费费率乘以系数0.35。
3. 标化工地增加费费率的下限、中值、上限分别对应设区市级、省级、国家级标化工地,县市区级标化工地的费率按费率中值乘以系数0.7。

2 市政安装工程按表 4.3.3-2 计取。

表 4.3.3-2 市政安装工程施工组织措施项目费费率

定额编号	项目名称		计算基数	费率(%)					
				一般计税			简易计税		
				下限	中值	上限	下限	中值	上限
CA3	施工组织措施项目费								
CA3－1	安全文明施工基本费								
CA3－1－1	其中	非市区工程	人工费＋机械费	4.82	5.35	5.88	5.01	5.57	6.13
CA3－1－2	其中	市区工程	人工费＋机械费	5.63	6.25	6.87	5.85	6.50	7.15
CA3－2	标化工地增加费								
CA3－2－1	其中	非市区工程	人工费＋机械费	1.24	1.46	1.75	1.29	1.52	1.82
CA3－2－2	其中	市区工程	人工费＋机械费	1.46	1.72	2.06	1.52	1.79	2.15
CA3－3	提前竣工增加费								
CA3－3－1	其中	缩短工期比例10%以内	人工费＋机械费	0.01	0.63	1.25	0.01	0.66	1.31
CA3－3－2	其中	缩短工期比例20%以内	人工费＋机械费	1.25	1.56	1.87	1.31	1.63	1.95
CA3－3－3	其中	缩短工期比例30%以内	人工费＋机械费	1.87	2.20	2.53	1.95	2.29	2.63
CA3－4	二次搬运费		人工费＋机械费	0.29	0.41	0.53	0.30	0.42	0.54
CA3－5	冬雨季施工增加费		人工费＋机械费	0.07	0.13	0.19	0.08	0.14	0.20
CA3－6	行车、行人干扰增加费		人工费＋机械费	1.25	1.57	1.89	1.30	1.63	1.96

注：市政安装工程施工组织措施项目费费率使用说明：

1. 市政安装工程的施工组织措施项目费费率适用于城市给水管网(含自来水厂内给水管道、长距离城市供水管道等)、燃气管网、供热管网、路灯及智能交通设施等工程。
2. 水处理构筑物、城市综合管廊和隧道工程中的机电、照明、消防等相关设备安装工程按通用安装工程相应费率及其规定执行。
3. 市政安装工程的安全文明施工基本费费率按照与市政土建工程同步交叉配合施工进行测算，不与市政土建工程同步交叉配合施工(即单独进场施工)的给水、燃气、供热、路灯及智能交通设施等市政安装工程，其安全文明施工基本费费率乘以系数 1.4。
4. 标化工地增加费费率的下限、中值、上限分别对应设区市级、省级、国家级标化工地，县市区级标化工地的费率按费率中值乘以系数 0.7。

4.3.4 市政工程其他项目费费率按表 4.3.4 计取。

表 4.3.4 市政工程其他项目费费率

定额编号	项目名称		计算基数	费率(%)
C4	其他项目费			
C4－1	优质工程增加费			
C4－1－1	其中	县市区级优质工程	除优质工程增加费外税前工程造价	0.75
C4－1－2	其中	设区市级优质工程	除优质工程增加费外税前工程造价	1.00
C4－1－3	其中	省级优质工程	除优质工程增加费外税前工程造价	2.00
C4－1－4	其中	国家级优质工程	除优质工程增加费外税前工程造价	3.00

续表 4.3.4

定额编号	项目名称		计算基数	费率(%)
C4-2	施工总承包服务费			
C4-2-1	其中	专业发包工程管理费(管理、协调)	专业发包工程金额	1.00~2.00
C4-2-1		专业发包工程管理费(管理、协调、配合)		2.00~4.00
C4-2-2		甲供材料保管费	甲供材料金额	0.50~1.00
C4-2-3		甲供设备保管费	甲供设备金额	0.20~0.50

注:其他项目费费率使用说明:

1. 其他项目费不分计税方法,统一按相应费率执行。
2. 优质工程增加费费率按工程质量综合性奖项测定,适用于获得工程质量综合性奖项工程的计价;获得工程质量单项性专业奖项的工程,费率标准由发承包双方自行约定。市政工程的优质工程增加费不分土建与安装,统一按相应费率计算。
3. 专业发包工程管理费的取费基数按其税前金额确定,不包括相应的销项税;甲供材料保管费和甲供设备保管费的取费基数按其含税金额计算,包括相应的进项税。

4.3.5 市政工程规费费率按表 4.3.5 计取。

表 4.3.5 市政工程规费费率

定额编号	项目名称		计算基数	费率(%)	
				一般计税	简易计税
C5	规费				
C5-1	市政土建工程				
C5-1-1	其中	道路、排水、河道护岸、水处理构筑物及城市综合管廊、生活垃圾处理工程	人工费+机械费	18.75	17.75
C5-1-2		桥梁工程		22.84	21.96
C5-1-3		隧道工程		21.02	20.27
C5-1-4		专业土石方工程		12.62	11.65
C5-2	市政安装工程		人工费+机械费	27.80	27.30

注:规费费率使用说明同企业管理费。

4.3.6 市政工程税金税率按表 4.3.6 计取。

表 4.3.6 市政工程税金税率

定额编号	项目名称	适用计税方法	计算基数	税率(%)
C6	增值税			
C6-1	增值税销项税	一般计税方法	税前工程造价	10.00
C6-2	增值税征收率	简易计税方法		3.00

注:采用一般计税方法计税时,税前工程造价中的各费用项目均不包含增值税进项税额;采用简易计税方法计税时,税前工程造价中的各费用项目均应包含增值税进项税额。

4.4 城市轨道交通工程施工取费费率

4.4.1 城市轨道交通工程企业管理费费率按表4.4.1计取。

表4.4.1 城市轨道交通工程企业管理费费率

定额编号	项目名称		计算基数	费率(%)					
				一般计税			简易计税		
				下限	中值	上限	下限	中值	上限
D1	企业管理费								
D1-1	城市轨道交通土建工程								
D1-1-1	其中	地下结构工程	人工费+机械费	14.34	19.12	23.90	13.53	18.04	22.55
D1-1-2		高架桥工程		14.09	18.79	23.49	13.76	18.34	22.92
D1-1-3		地下区间工程		9.64	12.85	16.06	8.98	11.97	14.96
D1-1-4		轨道工程		33.12	44.16	55.20	32.57	43.43	54.29
D1-2	城市轨道交通安装工程		人工费+机械费	16.31	21.74	27.17	15.83	21.11	26.39

注:企业管理费费率使用说明:

1. 城市轨道交通土建工程划分为地下结构工程、高架桥工程、地下区间工程、轨道工程。其中:

(1)地下结构工程适用于地下车站结构及其支护工程,并包括相应的附属工程。

(2)高架桥工程适用于高架区间、顶进结构及地面区间的桥梁与涵洞工程,并包括相应的附属工程。

(3)地下区间工程适用于矿山法隧道、盾构法隧道工程,并包括相应的附属工程。采用明挖法或盖挖法施工的地下区间按地下结构工程的相应费率执行。

(4)轨道工程适用于正线、站线及车辆段、停车场等的轨道铺设工程。

2. 城市轨道交通安装工程特指轨道交通专用安装工程,包括通信工程、信号工程、供电工程、智能与控制系统安装工程、机电设备安装工程、车辆基地工艺设备安装工程。

3. 地面及高架车站的土建、装饰按房屋建筑与装饰工程相应费率及其规定执行;地下车站的装饰按房屋建筑与装饰工程内"单独装饰工程"的费率及相应规定计算;地下、地面及高架车站的水、电、暖通、消防、智能及通信等建筑设备安装工程按通用安装工程相应费率及其规定执行。

4.4.2 城市轨道交通工程利润费率按表4.4.2计取。

表4.4.2 城市轨道交通工程利润费率

定额编号	项目名称		计算基数	费率(%)					
				一般计税			简易计税		
				下限	中值	上限	下限	中值	上限
D2	利润								
D2-1	城市轨道交通土建工程								
D2-1-1	其中	地下结构工程	人工费+机械费	5.83	7.77	9.71	5.51	7.35	9.19
D2-1-2		高架桥工程		7.19	9.58	11.97	7.02	9.36	11.70
D2-1-3		地下区间工程		5.86	7.81	9.76	5.46	7.28	9.10
D2-1-4		轨道工程		19.61	26.15	32.69	19.28	25.71	32.14
D2-2	城市轨道交通安装工程		人工费+机械费	7.79	10.39	12.99	7.58	10.11	12.64

注:利润费率使用说明同企业管理费。

4.4.3 城市轨道交通工程施工组织措施项目费费率。

1 城市轨道交通土建工程按表4.4.3-1计取。

表4.4.3-1 城市轨道交通土建工程施工组织措施项目费费率

定额编号	项目名称		计算基数	费率(%)					
				一般计税			简易计税		
				下限	中值	上限	下限	中值	上限
DJ3	施工组织措施项目费								
DJ3-1	安全文明施工基本费								
DJ3-1-1	其中	非市区工程	人工费+机械费	6.89	7.66	8.43	6.89	7.66	8.43
DJ3-1-2		市区工程		8.04	8.93	9.82	8.04	8.93	9.82
DJ3-2	标化工地增加费								
DJ3-2-1	其中	非市区工程	人工费+机械费	1.25	1.47	1.76	1.25	1.47	1.76
DJ3-2-2		市区工程		1.47	1.73	2.08	1.47	1.73	2.08
DJ3-3	提前竣工增加费								
DJ3-3-1	其中	缩短工期比例10%以内	人工费+机械费	0.01	0.59	1.17	0.01	0.59	1.17
DJ3-3-2		缩短工期比例20%以内		1.17	1.44	1.71	1.17	1.44	1.71
DJ3-3-3		缩短工期比例30%以内		1.71	2.00	2.29	1.71	2.00	2.29
DJ3-4	二次搬运费		人工费+机械费	0.40	0.50	0.60	0.40	0.50	0.60
DJ3-5	冬雨季施工增加费		人工费+机械费	0.07	0.14	0.21	0.07	0.14	0.21
DJ3-6	行车、行人干扰增加费		人工费+机械费	1.42	1.77	2.12	1.42	1.77	2.12

注:城市轨道交通土建工程施工组织措施项目费费率使用说明:

1. 城市轨道交通土建工程的施工组织措施项目费费率适用于地下结构工程、高架桥工程、地下区间工程和轨道工程。
2. 地下车站的装饰,地面及高架车站的土建、装饰按房屋建筑与装饰工程相应费率及其规定执行。
3. 标化工地增加费费率的下限、中值、上限分别对应设区市级、省级、国家级标化工地,县市区级标化工地的费率按费率中值乘以系数0.7。

2 城市轨道交通安装工程按表4.4.3-2计取。

表4.4.3-2 城市轨道交通安装工程施工组织措施项目费费率

定额编号	项目名称		计算基数	费率(%)					
				一般计税			简易计税		
				下限	中值	上限	下限	中值	上限
DA3	施工组织措施项目费								
DA3-1	安全文明施工基本费								
DA3-1-1	其中	非市区工程	人工费+机械费	6.53	7.25	7.97	6.72	7.47	8.22
DA3-1-2		市区工程		7.63	8.48	9.33	7.86	8.73	9.60
DA3-2	标化工地增加费								
DA3-2-1	其中	非市区工程	人工费+机械费	1.25	1.47	1.76	1.28	1.51	1.81
DA3-2-2		市区工程		1.47	1.73	2.08	1.51	1.78	2.14

续表 4.4.3-2

定额编号	项目名称		计算基数	费率(%)					
				一般计税			简易计税		
				下限	中值	上限	下限	中值	上限
DA3-3	提前竣工增加费								
DA3-3-1	其中	缩短工期比例 10% 以内	人工费+机械费	0.01	0.73	1.45	0.01	0.75	1.49
DA3-3-2		缩短工期比例 20% 以内		1.45	1.80	2.15	1.49	1.85	2.21
DA3-3-3		缩短工期比例 30% 以内		2.15	2.60	3.05	2.21	2.68	3.15
DA3-4	二次搬运费		人工费+机械费	0.08	0.23	0.38	0.09	0.24	0.39
DA3-5	冬雨季施工增加费		人工费+机械费	0.05	0.11	0.17	0.06	0.12	0.18

注:城市轨道交通安装工程施工组织措施项目费费率使用说明:

1. 城市轨道交通安装工程的施工组织措施项目费费率适用于通信、信号、供电、智能与控制系统、机电设备及车辆基地工艺设备等轨道交通专用安装工程。
2. 地下、地面及高架车站的水、电、暖通、消防、智能及通信等建筑设备安装工程按通用安装工程相应费率及其规定执行。
3. 标化工地增加费费率的下限、中值、上限分别对应设区市级、省级、国家级标化工地,县市区级标化工地的费率按费率中值乘以系数 0.7。

4.4.4 城市轨道交通工程其他项目费费率按表 4.4.4 计取。

表 4.4.4 城市轨道交通工程其他项目费费率

定额编号	项目名称		计算基数	费率(%)
D4	其他项目费			
D4-1	优质工程增加费			
D4-1-1	其中	县市区级优质工程	除优质工程增加费外税前工程造价	0.75
D4-1-2		设区市级优质工程		1.00
D4-1-3		省级优质工程		2.00
D4-1-4		国家级优质工程		3.00
D4-2	施工总承包服务费			
D4-2-1	其中	专业发包工程管理费(管理、协调)	专业发包工程金额	1.00~2.00
D4-2-2		专业发包工程管理费(管理、协调、配合)		2.00~4.00
D4-2-3		甲供材料保管费	甲供材料金额	0.50~1.00
D4-2-4		甲供设备保管费	甲供设备金额	0.20~0.50

注:其他项目费费率使用说明:

1. 其他项目费不分计税方法,统一按相应费率执行。
2. 优质工程增加费费率按工程质量综合性奖项测定,适用于获得工程质量综合性奖项工程的计价;获得工程质量单项性专业奖项的工程,费率标准由发承包双方自行商定。城市轨道交通工程的优质工程增加费,不分土建与安装,统一按相应费率计算。
3. 施工总承包服务费中专业发包工程管理费的取费基数按其税前金额确定,不包括相应的销项税;甲供材料保管费和甲供设备保管费的取费基数按其含税金额计算,包括相应的进项税。

4.4.5 城市轨道交通工程规费费率按表4.4.5计取。

表4.4.5 城市轨道交通工程规费费率

<table>
<tr><th rowspan="2">定额编号</th><th rowspan="2" colspan="2">项目名称</th><th rowspan="2">计算基数</th><th colspan="2">费率(%)</th></tr>
<tr><th>一般计税</th><th>简易计税</th></tr>
<tr><td>D5</td><td colspan="5">规 费</td></tr>
<tr><td>D5－1</td><td colspan="5">城市轨道交通土建工程</td></tr>
<tr><td>D5－1－1</td><td rowspan="4">其中</td><td>地下结构工程</td><td rowspan="4">人工费＋机械费</td><td>18.60</td><td>17.60</td></tr>
<tr><td>D5－1－2</td><td>高架桥工程</td><td>26.74</td><td>26.11</td></tr>
<tr><td>D5－1－3</td><td>地下区间工程</td><td>13.58</td><td>12.66</td></tr>
<tr><td>D5－1－4</td><td>轨道工程</td><td>27.56</td><td>27.10</td></tr>
<tr><td>D5－2</td><td colspan="2">城市轨道交通安装工程</td><td>人工费＋机械费</td><td>25.04</td><td>24.36</td></tr>
</table>

注:规费费率使用说明同企业管理费。

4.4.6 城市轨道交通工程税金税率按表4.4.6计取。

表4.4.6 城市轨道交通工程税金税率

<table>
<tr><th>定额编号</th><th>项目名称</th><th>适用计税方法</th><th>计算基数</th><th>税率(%)</th></tr>
<tr><td>D6</td><td colspan="4">增值税</td></tr>
<tr><td>D6－1</td><td>增值税销项税</td><td>一般计税方法</td><td rowspan="2">税前工程造价</td><td>10.00</td></tr>
<tr><td>D6－2</td><td>增值税征收率</td><td>简易计税方法</td><td>3.00</td></tr>
</table>

注:采用一般计税方法计税时,税前工程造价中的各费用项目均不包含增值税进项税额;采用简易计税方法计税时,税前工程造价中的各费用项目均应包含增值税进项税额。

4.5 园林绿化及仿古建筑工程施工取费费率

4.5.1 园林绿化及仿古建筑工程企业管理费费率按表4.5.1计取。

表4.5.1 园林绿化及仿古建筑工程企业管理费费率

<table>
<tr><th rowspan="3">定额编号</th><th rowspan="3">项目名称</th><th rowspan="3">计算基数</th><th colspan="6">费率(%)</th></tr>
<tr><th colspan="3">一般计税</th><th colspan="3">简易计税</th></tr>
<tr><th>下限</th><th>中值</th><th>上限</th><th>下限</th><th>中值</th><th>上限</th></tr>
<tr><td>E1</td><td colspan="8">企业管理费</td></tr>
<tr><td>E1－1</td><td>仿古建筑工程</td><td rowspan="4">人工费＋机械费</td><td>12.59</td><td>16.78</td><td>20.97</td><td>12.51</td><td>16.68</td><td>20.85</td></tr>
<tr><td>E1－2</td><td>园林绿化及景观工程</td><td>13.88</td><td>18.51</td><td>23.14</td><td>13.82</td><td>18.43</td><td>23.04</td></tr>
<tr><td>E1－3</td><td>单独绿化工程</td><td>13.42</td><td>17.89</td><td>22.36</td><td>13.37</td><td>17.82</td><td>22.27</td></tr>
<tr><td>E1－4</td><td>专业土石方工程</td><td>3.31</td><td>4.41</td><td>5.51</td><td>3.05</td><td>4.07</td><td>5.09</td></tr>
</table>

注:企业管理费费率使用说明:

1. 仿古建筑工程适用于楼、台、亭、阁、塔、廊及牌楼、牌坊等仿古类建筑;园林绿化及景观工程适用于园林景区、公园、游乐场、公园式墓区等综合性园林建筑的绿化、景观工程,以及喷泉、假山、塑石、立峰、围墙、园路、园桥和小品等单独景观工程;单独绿化工程仅适用于单独实施的纯绿化工程;专业土石方工程仅适用于园林绿化及仿古建筑工程中单独承包的土石方专业发包工程。
2. 企事业单位与居住区、公共建筑及道路等的绿化、景观与仿古建筑,以及非农林性质的片林、风景林等相应工程,可套用本规则费率。
3. 园林景区等综合性园林建筑内以市政标准设计的道路、桥梁及给排水工程,按市政工程相应费率及其规定执行;仿古建筑的水、电、暖通、消防、智能及通信等建筑设备安装工程按通用安装工程相应费率及其规定执行。

4.5.2 园林绿化及仿古建筑工程利润费率按表4.5.2计取。

表4.5.2 园林绿化及仿古建筑工程利润费率

定额编号	项目名称	计算基数	费率(%)					
			一般计税			简易计税		
			下限	中值	上限	下限	中值	上限
E2	利润							
E2-1	仿古建筑工程	人工费+机械费	5.70	7.60	9.50	5.67	7.56	9.45
E2-2	园林绿化及景观工程	人工费+机械费	8.30	11.07	13.84	8.24	10.99	13.74
E2-3	单独绿化工程	人工费+机械费	9.91	13.21	16.51	9.83	13.11	16.39
E2-4	专业土石方工程	人工费+机械费	2.03	2.70	3.37	1.87	2.49	3.11

注:利润费率使用说明同企业管理费。

4.5.3 园林绿化及仿古建筑工程施工组织措施项目费费率按表4.5.3计取。

表4.5.3 园林绿化及仿古建筑工程施工组织措施项目费费率

定额编号	项目名称		计算基数	费率(%)					
				一般计税			简易计税		
				下限	中值	上限	下限	中值	上限
E3	施工组织措施项目费								
E3-1	安全文明施工基本费								
E3-1-1	其中	非市区工程	人工费+机械费	4.79	5.32	5.85	5.03	5.59	6.15
E3-1-2		市区工程	人工费+机械费	5.77	6.41	7.05	6.06	6.73	7.40
E3-2	标化工地增加费								
E3-2-1	其中	非市区工程	人工费+机械费	0.94	1.10	1.32	0.99	1.16	1.39
E3-2-2		市区工程	人工费+机械费	1.13	1.33	1.60	1.19	1.40	1.68
E3-3	提前竣工增加费								
E3-3-1	其中	缩短工期比例10%以内	人工费+机械费	0.01	0.68	1.35	0.01	0.72	1.43
E3-3-2		缩短工期比例20%以内	人工费+机械费	1.35	1.69	2.03	1.43	1.78	2.13
E3-3-3		缩短工期比例30%以内	人工费+机械费	2.03	2.40	2.77	2.13	2.52	2.91
E3-4	二次搬运费		人工费+机械费	0.10	0.13	0.16	0.11	0.14	0.17
E3-5	冬雨季施工增加费		人工费+机械费	0.07	0.15	0.23	0.08	0.16	0.24
E3-6	行车、行人干扰增加费		人工费+机械费	0.64	0.95	1.26	0.66	1.00	1.34

注:施工组织措施项目费费率使用说明:

1. 园林景区等综合性园林建筑内以市政标准设计的道路、桥梁及给排水工程,按市政工程相应费率及其规定执行;仿古建筑的水、电、暖通、消防、智能及通信等建筑设备安装工程按通用安装工程相应费率及其规定执行。
2. 专业土石方工程的施工组织措施项目费费率乘以系数0.35。
3. 单独绿化工程的安全文明施工基本费费率乘以系数0.7。
4. 标化工地增加费费率的下限、中值、上限分别对应设区市级、省级、国家级标化工地,县市区级标化工地的费率按费率中值乘以系数0.7。

4.5.4 园林绿化及仿古建筑工程其他项目费费率按表4.5.4计取。

表4.5.4 园林绿化及仿古建筑工程其他项目费费率

定额编号	项目名称		计算基数	费率(%)
E4	其他项目费			
E4-1	优质工程增加费			
E4-1-1	其中	县市区级优质工程	除优质工程增加费外税前工程造价	0.75
E4-1-2		设区市级优质工程		1.00
E4-1-3		省级优质工程		1.25
E4-1-4		国家级优质工程		1.50
E4-2	施工总承包服务费			
E4-2-1	其中	专业发包工程管理费(管理、协调)	专业发包工程金额	1.00~2.00
E4-2-2		专业发包工程管理费(管理、协调、配合)		2.00~4.00
E4-2-3		甲供材料保管费	甲供材料金额	0.50~1.00
E4-2-4		甲供设备保管费	甲供设备金额	0.20~0.50

注:其他项目费费率使用说明:

1. 其他项目费不分计税方法,统一按相应费率执行。
2. 优质工程增加费费率按工程质量综合性奖项测定,适用于获得工程质量综合性奖项工程的计价;获得工程质量单项性专业奖项的工程,费率标准由发承包双方自行商定。
3. 施工总承包服务费中专业发包工程管理费的取费基数按其税前金额确定,不包括相应的销项税;甲供材料保管费和甲供设备保管费的取费基数按其含税金额计算,包括相应的进项税。

4.5.5 园林绿化及仿古建筑工程规费费率按表4.5.5计取。

表4.5.5 园林绿化及仿古建筑工程规费费率

定额编号	项目名称	计算基数	费率(%)	
			一般计税	简易计税
E5	规费			
E5-1	仿古建筑工程	人工费+机械费	31.75	31.59
E5-2	园林绿化及景观工程		30.97	30.75
E5-3	单独绿化工程		30.61	30.37
E5-4	专业土石方工程		12.62	11.65

注:规费费率使用说明同企业管理费。

4.5.6 园林绿化及仿古建筑工程税金税率按表 4.5.6 计取。

表 4.5.6 园林绿化及仿古建筑工程税金税率

定额编号	项目名称	适用计税方法	计算基数	税率(%)
E6	增值税			
E6-1	增值税销项税	一般计税方法	税前工程造价	10.00
E6-2	增值税征收率	简易计税方法		3.00

注:采用一般计税方法计税时,税前工程造价中的各费用项目均不包含增值税进项税额;采用简易计税方法计税时,税前工程造价中的各费用项目均应包含增值税进项税额。

4.6 建筑安装工程概算费率

4.6.1 单价综合费用费率按表 4.6.1 计取。

表 4.6.1 单价综合费用费率

定额编号	项目名称		计算基数	费率(%)
GA1	房屋建筑与装饰工程			
GA1-1	房屋建筑及构筑物工程		定额人工费+定额机械费	24.67
GA1-2	单独装饰工程			22.78
GB1	通用安装工程			
GB1-1	水、电、暖通、消防、智能、自控及通信安装工程		定额人工费+定额机械费	32.12
GB1-2	设备及工艺金属结构安装工程			29.22
GC1	市政工程			
GC1-1	市政土建工程			
GC1-1-1	其中	道路、排水、河道护岸、水处理构筑物及城市综合管廊、生活垃圾处理工程	定额人工费+定额机械费	27.03
GC1-1-2		桥梁工程		27.16
GC1-1-3		隧道工程		16.05
GC1-2	市政安装工程		定额人工费+定额机械费	28.22
GD1	城市轨道交通工程			
GD1-1	城市轨道交通土建工程			
GD1-1-1	其中	地下结构工程	定额人工费+定额机械费	26.89
GD1-1-2		高架桥工程		28.37
GD1-1-3		地下区间工程		20.66
GD1-1-4		轨道工程		70.31
GD1-2	城市轨道交通安装工程		定额人工费+定额机械费	32.13
GE1	园林绿化及仿古建筑工程			

续表 4.6.1

<table>
<tr><th>定额编号</th><th>项 目 名 称</th><th>计 算 基 数</th><th>费率(%)</th></tr>
<tr><td>GE1 - 1</td><td>仿古建筑工程</td><td rowspan="3">定额人工费 + 定额机械费</td><td>24.38</td></tr>
<tr><td>GE1 - 2</td><td>园林绿化及景观工程</td><td>29.58</td></tr>
<tr><td>GE1 - 3</td><td>单独绿化工程</td><td>31.10</td></tr>
</table>

注:单价综合费用费率使用说明:

1. 单价综合费用费率包括企业管理费和利润费率,按相应费率取定,适用于一般计税方法计价工程的概算编制。
2. 费用项目适用对象及范围同相应施工取费费率使用说明。
3. 房屋建筑与装饰工程遇装配整体式混凝土结构时,其费率应根据不同 PC 率乘以相应系数进行调整。其中,PC 率 20% 及 20% 以上(含 20%)至 30% 以内的,调整系数为 1.1;PC 率 30% 以上(含 30%)至 40% 以内的,调整系数为 1.15;PC 率 40% 以上(含 40%)至 50% 以内的,调整系数为 1.2;PC 率 50% 以上的,调整系数为 1.25。
4. 城市轨道交通土建工程中采用明挖法或盖挖法施工的地下区间工程,按地下结构工程的相应费率执行。

4.6.2 总价综合费用费率按表 4.6.2 计取。

表 4.6.2 总价综合费用费率

<table>
<tr><th>定额编号</th><th colspan="2">项 目 名 称</th><th>计 算 基 数</th><th>费率(%)</th></tr>
<tr><td>GA2</td><td colspan="4">房屋建筑与装饰工程</td></tr>
<tr><td>GA2 - 1</td><td colspan="2">房屋建筑及构筑物工程</td><td rowspan="2">定额人工费 + 定额机械费</td><td>36.43</td></tr>
<tr><td>GA2 - 2</td><td colspan="2">单独装饰工程</td><td>34.76</td></tr>
<tr><td>GB2</td><td colspan="4">通用安装工程</td></tr>
<tr><td>GB2 - 1</td><td colspan="2">水、电、暖通、消防、智能、自控及通信安装工程</td><td rowspan="2">定额人工费 + 定额机械费</td><td>38.95</td></tr>
<tr><td>GB2 - 2</td><td colspan="2">设备及工艺金属结构安装工程</td><td>35.98</td></tr>
<tr><td>GC2</td><td colspan="4">市政工程</td></tr>
<tr><td>GC2 - 1</td><td colspan="4">市政土建工程</td></tr>
<tr><td>GC2 - 1 - 1</td><td rowspan="3">其中</td><td>道路、排水、河道护岸、水处理构筑物及城市综合管廊、生活垃圾处理工程</td><td rowspan="3">定额人工费 + 定额机械费</td><td>28.43</td></tr>
<tr><td>GC2 - 1 - 2</td><td>桥梁工程</td><td>32.52</td></tr>
<tr><td>GC2 - 1 - 3</td><td>隧道工程</td><td>30.70</td></tr>
<tr><td>GC2 - 2</td><td colspan="2">市政安装工程</td><td>定额人工费 + 定额机械费</td><td>35.22</td></tr>
<tr><td>GD2</td><td colspan="4">城市轨道交通工程</td></tr>
<tr><td>GD2 - 1</td><td colspan="4">城市轨道交通土建工程</td></tr>
<tr><td>GD2 - 1 - 1</td><td rowspan="4">其中</td><td>地下结构工程</td><td rowspan="4">定额人工费 + 定额机械费</td><td>28.76</td></tr>
<tr><td>GD2 - 1 - 2</td><td>高架桥工程</td><td>36.90</td></tr>
<tr><td>GD2 - 1 - 3</td><td>地下区间工程</td><td>23.74</td></tr>
<tr><td>GD2 - 1 - 4</td><td>轨道工程</td><td>37.72</td></tr>
<tr><td>GD2 - 2</td><td colspan="2">城市轨道交通安装工程</td><td>定额人工费 + 定额机械费</td><td>34.59</td></tr>
<tr><td>GE2</td><td colspan="4">园林绿化及仿古建筑工程</td></tr>
</table>

续表 4.6.2

定额编号	项目名称	计算基数	费率(%)
GE2-1	仿古建筑工程	定额人工费+定额机械费	39.12
GE2-2	园林绿化及景观工程		38.34
GE2-3	单独绿化工程		36.06

注:总价综合费用费率使用说明:

1. 总价综合费用费率包括安全文明施工基本费、提前竣工增加费、二次搬运费、冬雨季施工增加费等施工组织措施项目费(标化工地增加费和行车、行人干扰增加费除外)和规费费率,适用于一般计税方法计价工程的概算编制。其中:

(1)安全文明施工基本费按市区工程相应施工取费费率的中值取定(房屋建筑与装饰工程不分建筑规模,以标准费率取定)。

(2)提前竣工增加费按缩短工期比例10%以内相应施工取费费率的中值取定。

(3)其余施工组织措施项目费按相应施工取费费率的中值取定。

(4)规费按相应施工取费费率取定。

2. 费用项目适用对象及范围同相应施工取费费率使用说明。

3. 房屋建筑与装饰工程遇装配整体式混凝土结构时,其费率应根据不同PC率乘以相应系数进行调整。其中,PC率20%及20%以上至30%以内的,调整系数为1.1;PC率40%以内的,调整系数为1.15;PC率50%以内的,调整系数为1.2;PC率50%以上的,调整系数为1.25。

4. 城市轨道交通土建工程中采用明挖法或盖挖法施工的地下区间工程,按地下结构工程的相应费率执行。

4.6.3 标化工地预留费费率按表4.6.3计取。

表4.6.3 标化工地预留费费率

定额编号	项目名称	计算基数	费率(%)			
			标化工地等级			
			县市区级	设区市级	省级	国家级
GA3	房屋建筑与装饰工程	定额人工费+定额机械费	1.27	1.54	1.81	2.17
GB3	通用安装工程	定额人工费+定额机械费	1.42	1.73	2.03	2.44
GC3	市政工程					
GC3-1	市政土建工程	定额人工费+定额机械费	1.16	1.40	1.65	1.98
GC3-2	市政安装工程		1.20	1.46	1.72	2.06
GD3	城市轨道交通工程					
GD3-1	城市轨道交通土建工程	定额人工费+定额机械费	1.21	1.47	1.73	2.08
GD3-2	城市轨道交通安装工程		1.21	1.47	1.73	2.08
GE3	园林绿化及仿古建筑工程	定额人工费+定额机械费	0.93	1.13	1.33	1.60

注:标化工地预留费费率使用说明:

1. 标化工地预留费以标化工地增加费考虑,按市区工程不同标化等级的相应施工取费费率取定,适用于一般计税方法计价工程的概算编制。

2. 费用项目适用对象及范围同相应施工取费费率使用说明。

3. 房屋建筑与装饰工程遇装配整体式混凝土结构时,其费率应根据不同PC率乘以相应系数进行调整。其中,PC率20%及20%以上至30%以内的,调整系数为1.1;PC率40%以内的,调整系数为1.15;PC率50%以内的,调整系数为1.2;PC率50%以上的,调整系数为1.25。

4.6.4 优质工程预留费费率按表4.6.4计取。

表4.6.4 优质工程预留费费率

定额编号	项目名称	计算基数	费率(%)			
			优质工程等级			
			县市区级	设区市级	省级	国家级
GA4	房屋建筑与装饰工程	概算分部分项工程费+总价综合费用	1.50	2.00	3.00	4.00
GB4	通用安装工程		1.00	1.35	1.80	2.25
GC4	市政工程		0.75	1.00	2.00	3.00
GD4	城市轨道交通工程		0.75	1.00	2.00	3.00
GE4	园林绿化及仿古建筑工程		0.75	1.00	1.25	1.50

注:优质工程预留费费率使用说明:

1. 优质工程预留费以优质工程增加费考虑,按不同优质等级的相应施工取费费率取定,适用于概算的编制。
2. 费用项目适用对象及范围同相应施工取费费率使用说明。
3. 市政、城市轨道交通工程的优质工程预留费不分土建与安装,统一按相应费率计算。

4.6.5 税金税率按表4.6.5计取。

表4.6.5 税金税率

定额编号	项目名称	适用计税方法	计算基数	税率(%)
G5	增值税销项税	一般计税方法	税前概算费用	10.00

注:税金税率使用说明:

1. 税金税率按增值税销项税税率取定,适用于一般计税方法计价工程的概算编制。
2. 税前概算费用中的各费用项目均不包含增值税进项税额。

5 建设工程计价要素动态管理

5.0.1 动态管理。

建设工程计价要素动态管理指造价管理机构根据当时当地建筑市场行情，对建设工程造价组成的人工、材料、机械等计价要素信息，以及相关指数、指标、计价费率等，按月或定期动态测算、发布，指导建设工程计价活动按照相关的规则动态调整工程造价。

5.0.2 工作分工。

1 省建设工程造价管理机构按月测算发布安装、市政、园林及仿古建筑、人防工程材料市场信息价及工程造价指数、指标信息；按季汇总公布全省各市人工市场信息价。

2 市级建设工程造价管理机构按月测算发布当地建筑、装饰工程材料和人工、施工机械台班市场信息价。

3 省建设工程造价管理机构建立各类工程经济技术数据指标分析体系，当遇法律法规、政策调整，适时调整发布相应的施工取费费率。

5.0.3 使用规定。

1 编制设计概算和招标控制价应根据现行的计价依据，采用相应时期的人工、材料、施工机械台班市场信息价，并在编制说明或招标文件中予以明确。

2 省、市建设工程造价管理机构建立工程价格信息发布管理责任制，按月或季发布价格信息。按月份发布的，应于每个月下旬发布，其价格反映当月的平均水平，适用于本月；按季发布的，应于每季第三个月下旬发布，其价格反映该季的平均水平，适用于本季度。

3 全省统一材料设备价格信息发布模式，定期发布材料市场信息价。建设工程计价应优先采用工程所在地的市场信息价。

4 材料市场信息价发布分为含进项税市场信息价（以下简称"含税价"）、不含进项税市场信息价（以下简称"除税价"）两部分。

（1）含税价指材料自来源地运至工地仓库或指定堆放地点所发生的全部费用和为组织采购、供应和保管材料过程中所需要的各项费用，包括含进项税额的供应价、运杂费和采购保管费。含税价适用于简易计税法。

（2）除税价指材料自来源地运至工地仓库或指定堆放地点所发生的全部费用和为组织采购、供应和保管材料过程中所需要的各项费用，包括不含进项税额的材料供应价、运杂费和采购保管费。除税价适用于一般计税法。

5 建设工程施工合同采用单价合同的，发承包双方应明确人工、材料、施工机械台班价格的风险内容和风险幅度，以及超过风险范围以外的调整办法。施工机械台班一类费用（机械原值）不做调整，仅调整二类费用中机上人工和燃料动力，其风险幅度可参照相应的人工和单项材料价格风险原则处理。发承包双方一般可按以下原则分担风险，并在合同中约定：承包人可承担 ±5% 以内的人工和单项材料价格风险，超过部分应由发包方承担或受益。

6 建设工程施工合同采用总价合同的，发承包双方应约定总价包含的风险范围和风险费用，并明确超过风险范围以外的调整方法。

5.0.4 价差调整。

施工合同履行期间，人工、材料、机械价格遇市场波动影响合同价款时，应根据合同约定，可采用抽料补差法或造价指数法进行调价。

1 抽料补差法：是发承包双方按照合同约定，根据工程实际进度对应月份的信息价，与基准价格相比扣减风险费用后，计算全部或部分人工、材料、机械价差，调整合同价格。

(1)按月分段结算的工程，发承包双方可根据当月的信息价，结合当月完成工程量调整价差。

(2)按形象部位分段结算的工程，可按照合同约定的工程形象进度划分不同阶段，根据相应月份的市场信息价算术平均值，分段计量，调整价差。

(3)按整体工程一次性结算的工程，可按照工程实际进度对应月份的市场信息价加权平均(可按当月完成工程的人材机消耗量为权数)或算术平均调整价差。

2 造价指数法：是发承包双方按合同约定的价格因素和调整办法，根据工程实际进度，参照工程所在地工程造价管理机构定期发布的相应工程造价指数，调整合同价格。

价格调整公式因人工、材料和设备等价格波动影响合同价格时，根据专用合同条款中约定的数据，按以下公式计算差额并调整合同价格：

$$\Delta P = P_0\left[A + \left(B_1 \times \frac{F_{t1}}{F_{01}} + B_2 \times \frac{F_{t2}}{F_{02}} + B_3 \times \frac{F_{t3}}{F_{03}} + \cdots + B_n \times \frac{F_{tn}}{F_{0n}}\right) - 1\right] \tag{5.0.4}$$

式中：ΔP——需调整的价格差额；

P_0——约定的付款证书中承包人应得到的已完成工程量的金额，此项金额不应包括价格调整、不计质量保证金的扣留和支付、预付款的支付和扣回，约定的变更及其他金额已按现行价格计价的，也不计在内；

A——定值权重(即不调部分的权重)；

B_1、B_2、$B_3 \cdots B_n$——各可调因子的变值权重(即可调部分的权重)，为各可调因子在签约合同价中所占的比例；

F_{t1}、F_{t2}、$F_{t3} \cdots F_{tn}$——各可调因子的现行价格指数，指约定的付款证书相关周期最后一天的前28天的各可调因子的价格指数；

F_{01}、F_{02}、$F_{03} \cdots F_{0n}$——各可调因子的基本价格指数，指基准日期的各可调因子的价格指数。

以上价格调整公式中的各可调因子、定值和变值权重，以及基本价格指数及其来源在投标函附录价格指数权重中约定。价格指数应首先采用工程造价管理机构提供的价格指数，缺乏上述价格指数时，可采用工程造价管理机构提供的价格代替。

5.0.5 指数与指标。

1 工程造价指数：反映一定时期由于价格变化对工程造价影响程度的一种指标，它反映了报告期与基期相比的价格变动趋势。按照工程范围、类别、用途，工程造价指数分为价格指数和造价指数。

(1)价格指数是分别反映各类工程的人工、材料、施工机械报告期对基期价格的变化程度的指标，如人工价格指数、材料价格指数、施工机械台班价格指数等。

(2)造价指数是综合反映各类单位工程或单项工程的人工费、材料费、施工机械使用费等报告期价格对基期价格变化而影响工程造价程度的指标，它是研究造价总水平变化趋势和程度的主要依据，如建筑安装工程综合造价指数、单位工程或单项工程造价指数等。

2 工程造价指标：是指以单位工程为对象，按工程建筑面积、体积、长度或自然计量单位反映的人工、材料和机械台班的消耗量和价格指标。

3 工程造价指数和指标：适用于建设工程前期的投资估算、项目评估、项目建议书、可行性研究阶段的造价控制，也为概算控制、限额设计、设计方案优化与比选提供经济技术参考。

5.0.6 工期延误的责任担当。

1 工期延误：工程施工过程中任何一项或多项工作实际完成日期迟于计划规定的完成日期，从而可能导致整个合同工期的延长。工期延误应根据造成工期延误的原因来分析各方当事人相应的责任。

(1)因发包方原因造成工期延误的，超过合同工期的延误期间价格上涨造成的价差由发包人承担，反之，价格下降造成的价差则由承包人受益。

(2)因承包人原因造成工期延误的,超过合同工期的延误期间价格上涨造成的价差由承包人承担,反之,价格下降造成的价差则由发包人受益。

2 工期延长:承发包双方根据法律及合同约定,对"工期延误"这一事实状态所做的变更,即工期延误是事实,但因满足了法律规定或双方约定的某些条件,进而双方就该事件引起的延误天数予以延长工期达成一致,并不追究当事人的责任。

工期延长期间,人工、材料、机械价格调整应根据合同约定计算。

3 工程延误开工:发承包双方签订施工合同后,发包人由于征地拆迁、设计调整等原因导致延期开工的,遇到人工、材料、机械价格大幅度上涨或下跌,发承包双方在复工前可按以下办法调整合同价格,并签订补充协议:按照实际开工月份对应的信息价与基准价格计算工程的人工、材料、机械的价差,在投标报价基础上调整相应的合同(含税金),调整的价款与工程进度款同期支付,工程结算时以开工前 28 天对应月份的信息价作为基准价格,根据合同约定的风险幅度计算价差。

4 工程中途停工:工程项目开工后,由于中途暂停施工导致实际工期超合同工期,发承包双方在复工前可按以下原则调整人工、材料、机械价差,并签订补充协议:如一方责任导致工期延误的,按工期延误条款办理,暂停施工期间月份的信息价不计入补差范围;如双方均有责任导致工期延误,可按工期延误责任大小,由发承包双方共同按一定比例承担或受益,或者按照工期延长条款办理。暂停施工期间月份的信息价不计入补差范围。

6 设 计 概 算

6.0.1 编制基本要求。

1 建设项目设计概算是初步设计文件的重要组成部分,是确定和控制建设项目全部投资的文件。设计概算文件必须严格执行国家和本省有关的法律、法规和规章,完整反映工程项目初步设计内容,实事求是地根据工程所在地的建设条件(包括自然条件、施工条件、市场变化等影响投资的各种因素)以及本规则的要求进行编制。

2 采用两阶段设计的建设项目,初步设计阶段必须编制设计概算,采用三阶段设计的建设项目,扩大初步设计阶段必须编制设计概算。

3 建设项目概算编制应遵照单位工程编制单位工程概算书,单项工程编制综合概算书,建设项目编制总概算书的原则。当建设项目只有一个单项工程时,该建设项目总概算书与单项工程综合概算书可合并编制。

4 设计概算应根据已批准的可行性研究报告,在优化初步设计的基础上进行编制。设计概算投资一般应控制在批准的投资估算内,设计概算批准后不得任意修改和调整。

6.0.2 编制设计概算的依据,包括但不限于下列内容:

1 本规则;

2 概算定额或概算指标等计价依据及有关计价规定;

3 批准的可行性研究报告;

4 建设项目设计文件;

5 与建设项目有关的标准、规范等技术资料;

6 常规的施工组织设计;

7 项目的建设条件,包括自然条件、施工条件、市场变化等各种因素;

8 工程造价管理机构发布的工程造价信息;

9 建设项目的合同、协议等有关文件。

6.0.3 概算文件组成。建设项目概算文件一般由概算说明、单位工程概算表、单项工程综合概算表、建设项目总概算表组成。具体包括:

1 封面、签署页;

2 编制说明;

3 建设项目总概算表;

4 建设工程其他费用计算表;

5 单项工程综合概算表;

6 单位工程概算表。

6.0.4 总概算表的项目按费用划分为以下六部分:

1 工程费用:

(1)主要工程项目;

(2)辅助和服务型的工程项目;

(3)室外工程项目(红线以内),包括土石方、道路、围墙、挡土墙、排水沟等各种构筑物,给排水管道、动力管网、供电线路、庭院绿化等工程;

(4)场外工程项目(红线以外),包括道路、铁路专用线、桥涵、给排水、供热、供电、通信等工程。

2 建设工程其他费用,包括建设管理费、建设用地费、可行性研究费、研究试验费、勘察设计费、环境影响评价费、劳动安全卫生评估费、场地准备及临时设施费、工程保险费、联合试运转费、特种设备安全监督检验费、市政公用设施费、引进技术和引进设备其他费、专利及专有技术使用费、生产准备及开办费等。

3 预备费用,包括基本预备费和涨价预备费。

4 固定资产投资方向调节税。

5 建设期贷款利息。

6 铺底流动资金。

6.0.5 单位工程概算一般分为建筑工程、设备及安装工程两大类。

1 建筑工程单位工程概算。

根据建设项目初步设计工程量,按照浙江省建设工程计价规则、概算定额、概算指标、概算编制时工程所在地人工、材料、施工机械台班市场信息价等计算确定。

2 设备及安装工程单位工程概算。

(1)设备及安装工程概算由设备购置费和安装工程费组成;

(2)设备及安装工程费根据建设项目初步设计工程量,按照浙江省建设工程计价规则、概算定额、概算指标及概算编制时工程所在地人工、设备、材料、施工机械台班市场信息价等计算确定。

6.0.6 工程建设其他费用、预备费、固定资产投资方向调节税、建设期贷款利息、铺底流动资金应根据工程实际情况,按照《浙江省建设工程其他费用定额》、有关政策文件或已签订的合同、协议计算确定。

7 工程量清单及计价

7.1 工程量清单部分

7.1.1 工程量清单编制与计价活动应严格遵守“计价规范”“计价依据”和国家、浙江省有关规定。

7.1.2 工程量清单是工程量清单计价的基础,应作为编制招标控制价、投标报价、计算或调整工程价款、工程索赔等的依据之一。

7.1.3 采用工程量清单招标的,招标工程量清单必须作为招标文件的组成部分,其准确性和完整性应由招标人负责。

7.1.4 工程量清单编制。

1 工程量清单应由具有编制能力的招标人或受其委托具有相应资质的工程造价咨询人编制。

2 工程量清单按照国家“计价规范”编列清单子目的,即为国标工程量清单。

3 工程量清单按照浙江省定额编列清单子目的,即为定额工程量清单。

4 编制工程量清单的依据,包括但不限于下列内容:

(1)“计价规范”及本省有关规定;

(2)“计价依据”;

(3)建设工程设计文件及相关资料;

(4)与建设工程有关的标准、规范、技术资料;

(5)拟定的招标文件;

(6)施工现场情况、地勘水文资料、工程特点及常规施工方案。

5 工程量清单编制所依据设计文件必须完整,如设计文件不能满足编制要求时,编制人应及时向招标人提出,要求予以完善。

6 工程量清单应以单位工程为单位编制,应由分部分项工程项目清单、措施项目清单、其他项目清单、规费和税金项目清单组成。

7 分部分项工程量清单应根据“计价规范”和浙江省“计价依据”统一规定的项目编码、项目名称、计量单位、工程量计算规则及其清单格式要求,结合拟建工程的设计文件编制。

8 措施项目清单应根据招标文件要求、“计价规范”和浙江省“计价依据”所列措施清单项目,结合拟建工程实际情况和常规施工组织设计文件编制。措施项目中可以计量的项目应按分部分项工程量清单的方式编制,其余措施项目可以“项”为单位列项。

9 其他项目清单应根据拟建工程的具体情况,按照下列内容及要求列项:

(1)暂列金额应根据工程特点按有关计价规定估算;

(2)暂估价包括材料暂估单价、工程设备暂估单价、专业工程暂估价,材料、工程设备暂估单价应根据工程造价信息或参照市场价格估算,列出明细表,专业工程暂估价应分不同专业按有关计价规定估算,列出明细表;

(3)计日工应列出项目名称、计量单位和暂估数量;

(4)施工总承包服务费应列出服务项目及其内容等;

(5)其他项目可根据工程实际情况补充。

10 编制工程量清单时,遇“计价规范”、浙江省“计价依据”缺项的,由编制人根据“计价规范”和浙江省有关缺项规定自行补充,并在工程量清单编制说明中明确该项目包含范围、工作内容及工程量计算规则。

11 编制工程量清单时应对项目特征进行全面和准确的描述,不应出现“清单中虽未描述但在设计图纸中已明确的工程内容视作已包含在投标人相应的综合单价内”等类似风险转嫁表述。

7.2 工程量清单计价一般规定

7.2.1 工程量清单及其计价格式应按照本规则第 10 章的规定执行。

7.2.2 措施项目中的安全文明施工费、规费和税金的费率必须按本规则的有关规定计取,不得作为竞争性费用。

7.2.3 综合单价中应包括招标文件中划分的应由投标人承担的风险范围及其费用,并在招标文件、合同中明确计价中的风险内容及其范围,不得采用无限风险、所有风险或类似语句规定计价中的风险内容及范围。

7.3 招标控制价

7.3.1 建设工程招标人必须编制招标控制价。

7.3.2 招标控制价应由具有编制能力的招标人或受其委托具有相应资质的工程造价咨询人编制和复核。

7.3.3 工程造价咨询人接受招标人委托编制招标控制价,不得再就同一工程接受投标人委托编制投标报价。

7.3.4 招标控制价应根据下列依据编制与复核:

1 “计价规范”和“计价依据”;

2 浙江省建设行政主管部门颁发的有关计价规定;

3 建设工程设计文件及相关资料;

4 拟定的招标文件及招标工程量清单;

5 与建设项目相关的标准、规范、技术资料;

6 施工现场情况、工程特点及常规施工方案;

7 工程造价管理机构发布的市场信息价,没有市场信息价的参照市场价;

8 其他的相关资料。

7.3.5 分部分项工程和施工技术措施项目应根据拟定的招标文件和招标工程量清单项目中的特征描述及有关要求计算综合单价;施工组织措施项目应根据拟定的招标文件和常规施工方案进行计价。

7.3.6 对危险性较大的分部分项工程,招标控制价应考虑安全专项施工方案并计取费用,并在编制说明中对专项方案内容进行描述。

7.3.7 其他项目应按下列规定计价:

1 暂列金额应按招标工程量清单中列出的金额填写;

2 暂估价中的材料、工程设备单价应按招标工程量清单中列出的单价计入综合单价;

3 暂估价中的专业工程金额应按招标工程量清单中列出的金额填写;

4 计日工应按招标工程量清单中列出的项目根据工程特点和有关计价依据计算综合单价;

5 施工总承包服务费应根据招标工程量清单列出的内容和要求估算。

7.3.8 规费和税金应按“计价规范”、浙江省有关规定计算。

7.3.9 招标控制价应按照“计价规范”和“计价依据”有关规定编制,可根据招标项目的具体条件和当时当地的建设市场行情确定合理的浮动比例。

7.3.10 当招标控制价超过批准的概算时,招标人应将其报原概算审批部门审核。

7.3.11 招标人应在发布招标文件时公布招标控制价,公布内容包括编制说明、各单位工程的分部分项工程费、措施项目费、其他项目费、规费和税金,以及汇总价格等一整套表式,同时将招标控制价及有关资料报送工程所在地或有该工程管辖权的行业管理部门工程造价管理机构备查。

7.3.12 投标人认为招标人公布的招标控制价未按照本规则的规定进行编制的，应在招标控制价公布后5天内向招标人提出质疑，招标人不按规定答疑的，投标人可向招投标监督机构和工程造价管理机构投诉。

7.3.13 投诉人投诉时，应当提交由单位盖章和法定代表人或其委托人签名或盖章的书面投诉书。投诉书应包括下列内容：

1 投诉人与被投诉人的名称、地址及有效联系方式；

2 投诉的招标工程名称、具体事项及理由；

3 投诉依据及有关证明材料；

4 相关的请求及主张。

7.3.14 投诉人不得进行虚假、恶意投诉，阻碍招投标活动的正常进行。

7.3.15 工程造价管理机构在接到投诉书后应在2个工作日内进行审查，有下列情况之一的，不予受理：

1 投诉人不是所投诉招标工程招标文件的收受人；

2 投诉书提交的时间不符合本规则第7.3.12条规定的；

3 投诉书不符合本规则第7.3.13条规定的；

4 投诉事项已进入行政复议或行政诉讼程序的。

7.3.16 工程造价管理机构应在不迟于结束审查的次日将是否受理投诉的决定书面通知投诉人、被投诉人以及负责该工程招投标监督的招投标管理机构。

7.3.17 工程造价管理机构受理投诉后，应立即对招标控制价进行复查，组织投诉人、被投诉人或其委托的招标控制价编制人等单位人员对投诉问题逐一核对。有关当事人应当予以配合，并应保证所提供资料的真实性。

7.3.18 工程造价管理机构应当在受理投诉的10天内完成复查，特殊情况下可适当延长，并做出书面结论通知投诉人、被投诉人及负责该工程招投标监督的招投标管理机构。

7.3.19 当招标控制价复查结论与原公布的招标控制价误差大于±3%时，应当责成招标人改正。

7.3.20 招标人根据招标控制价复查结论需要重新公布招标控制价的，其最终公布的时间至招标文件要求提交投标文件截止时间不足15天的，应相应延长投标文件的截止时间。

7.4 投标报价

7.4.1 投标价应由投标人或受其委托具有相应资质的工程造价咨询人编制。

7.4.2 投标人必须按招标工程量清单填报价格。项目编码、项目名称、项目特征、计量单位、工程量必须与招标工程量清单一致。

7.4.3 投标报价应根据下列依据编制：

1 计价规范、计价依据；

2 企业定额；

3 本省建设行政主管部门颁发的有关计价规定；

4 招标文件及其补充通知、答疑纪要；

5 建设工程设计文件及相关资料；

6 施工现场情况、工程特点及投标时拟定的施工组织设计或施工方案；

7 与建设项目相关的标准、规范等技术资料；

8 市场价格信息或工程造价管理机构发布的市场信息价；

9 其他的相关资料。

7.4.4 综合单价中应包括招标文件中划分的应由投标人承担的风险范围及其费用，招标文件中没有明确的,应提请招标人明确。

7.4.5 分部分项工程和施工技术措施项目应根据招标文件和招标工程量清单项目中的特征描述计算综合单价。对危险性较大的分部分项工程,投标报价应体现投标人提供的安全专项施工方案费用。

7.4.6 施工组织措施项目金额(除安全文明施工费外)应按招标文件及投标时拟定的施工组织设计或施工方案自主确定。

7.4.7 其他项目应按下列规定报价:

1 暂列金额应按招标工程量清单中列出的金额填写;

2 材料、工程设备暂估价应按招标工程量清单中列出的单价计入综合单价;

3 专业工程暂估价应按招标工程量清单中列出的金额填写;

4 计日工应按招标工程量清单中列出的项目和数量,自主确定综合单价并计算计日工金额;

5 施工总承包服务费应根据招标工程量清单中列出的内容和提出的要求自主确定。

7.4.8 规费和税金应按"计价规范""计价依据"及省、市有关规定确定。

7.4.9 招标工程量清单与计价表中列明的所有需要填写单价和合价的项目,投标人均应填写且只允许有一个报价。未填写单价和合价的项目,可视为此项费用已包含在已标价工程量清单中其他项目的单价和合价之中。

7.4.10 投标总价应当与分部分项工程费、措施项目费、其他项目费和规费、税金的合计金额一致。

7.4.11 投标人的投标报价低于招标文件设定的招标风险警戒值时,评标委员会应当要求投标人做出合理的解释与承诺。

7.4.12 投标人的投标报价不得低于工程成本。

7.5 成 本 价

7.5.1 评标阶段对投标报价所做的成本分析,是指评标委员会成员以自己的专业知识和经验,合理推断特定投标人按招标要求完成投标项目所需的预期成本。

7.5.2 招标人可在招标文件中设立以下前置条件,当投标人的投标报价出现前置条件规定的情形时,评标委员会应对该投标人的报价进行是否低于成本的界定:

1 投标报价低于所有有效投标报价平均值一定百分比的;

2 因算术错误、报价缺漏项累计金额达到投标报价一定比例以上的;

3 其他合理的条件。

7.5.3 评标委员会应要求投标人就上述报价是否低于其成本进行说明和澄清,并提供以下证明材料:

1 投标人上两年度经审计的财务报告,以证明投标人的现金流、营利能力良好,经营状况正常;

2 由于使用专有技术、新工艺或先进管理方法降低工程成本的,应提供相关证明材料;

3 因材料设备低价原因产生的低投标报价,应提供有关货物的采购协议、合同或发票;

4 其他有关降低工程成本的分析报告和证据材料。

7.5.4 若投标人的说明和澄清能充分证明其报价是合理和可行的,评标委员会应认定该投标报价为有效报价;若投标人的说明和澄清不能证明其投标报价的合理性和可行性,经评标委员会成员半数以上表决同意,应认定该投标报价低于成本价,做废标处理。

8　合同价款调整与工程结算

8.1　合同价款的确定

8.1.1　实行建设工程施工招标投标的工程项目，应在中标通知书发出之日起30天内，由发承包双方依据中标通知书、投标文件确定合同价款（或签约合同价）。

8.1.2　实行直接发包的建设工程项目，发承包双方应依据商定的工程计价有关条款，在合同中约定合同价款（或签约合同价）。

8.2　合同价款的类型

8.2.1　单价合同。合同中约定以工程量清单及其综合单价进行合同价款计算、调整、确定，并约定单价包含的风险范围。在约定的风险范围内单价不做调整，风险范围以外的在合同中约定单价调整方法。

8.2.2　总价合同。合同中约定以施工图、已标价工程量清单或预算书及有关条件进行合同价款计算、确定，并约定合同总价包含的风险范围。在约定的风险范围内总价不做调整，风险范围以外的在合同中约定合同价款调整方法。

8.2.3　其他价格形式合同。除单价合同、总价合同以外的其他价格形式合同，发承包双方应在合同中约定具体的合同价款计算、确定的方法。

8.3　合同价款调整

8.3.1　合同价款调整事项。按照风险共担和合理分摊的原则，根据建设工程施工合同价款类型，发承包双方在施工合同中对下列事项的具体内容、范围（幅度）和调整方法应明确约定：

1　法律、法规、规章和政策等的变化；

2　工程变更、工程量清单漏项或清单项目重复计列等非承包人原因引起的工程量清单项目调整；

3　工程变更或者施工图纸与招标清单项目特征描述不符；

4　工程变更、工程量清单项目工程量偏差等非承包人原因引起的工程量调整；

5　工程变更、工程量清单项目调整或工程量偏差等引起的措施项目变化；

6　新增工程量清单项目综合单价的确定，或已有项目因工程量变化超过合同约定幅度后，其综合单价的调整、确定；

7　合同施工期内人工、材料、施工机械台班等要素价格波动；

8　不可抗力；

9　需要约定的其他调整事项。

8.3.2　法律、法规、规章和政策等变化调整。

1　法律、法规、规章和政策发生变化，导致工程安全文明施工基本费、规费、税金调整的，应按规定调整合同价款；

2　因承包人原因导致工期延误的，法律、法规、规章和政策等调整在施工合同原定竣工时间之后，合同价款调增的不予调整，调减的则予以调整；

3　因发包人原因造成工程停工而导致工期延误的，法律、法规、规章和政策等调整在施工合同原定竣工时间之后，合同价款调增的予以调整，调减的则由承包人受益，不予以调减。

8.3.3 工程量清单项目和工程量调整。

1 采用工程量清单综合单价计价工程,发生下列情况的,工程量清单项目应予调整:

(1)发包人提供的工程量清单项目漏缺项、重复列项;

(2)工程变更引起新增或减少清单项目;

(3)施工图纸、工程变更后与原招标工程量清单的特征描述不符。

2 采用工程量清单综合单价计价工程,发生下列情况的,工程量清单项目的工程量应予调整:

(1)发包人提供的工程量清单项目工程量有偏差;

(2)工程变更引起的工程量的增减。

3 清单项目或工程量调整应根据合同约定、施工图纸、工程变更联系单等内容,按“计价规范”、浙江省“计价依据”等要求进行列项、计量。

8.3.4 综合单价调整。

因第8.3.3条的工程量清单项目或工程数量变化,按以下规定调整综合单价:

1 已标价工程量清单中有适用综合单价的,按原综合单价;合价金额占合同总价2%及以上的分部分项清单项目,其工程量增减超过本项工程量15%及以上,或合价金额占合同总价不到2%的分部分项清单项目,但其工程量增减超过本项目工程数量25%及以上时,增减工程量单价按第8.3.4条第3款处理。

2 已标价工程量清单中没有适用的综合单价,但有类似的工程项目综合单价,可参照类似工程项目综合单价计算确定。

(1)某种材料(或半成品及成品)等级、标准变化的,清单组合子目不变,仅调整不同的材料市场价格之差;

(2)清单项目组合内容中某一个(或多个)定额子目发生变化,不影响其他特征及工程内容价格的,仅调整发生变化的定额子目价格;

(3)如该类似工程项目综合单价异常,则不宜参照,按第8.3.4条第3款重新计算综合单价。

3 已标价工程量清单中没有适用的综合单价,可按以下原则处理:

(1)依据合同约定编制依据、组价原则和承包人投标报价浮动率,提出适当的单价,经发包人确认后执行。

承包人报价浮动率可按下列公式计算:

招标工程:承包人报价浮动率 = (1 - 中标价/招标控制价) × 100%　　(8.3.4-1)

非招标工程:承包人报价浮动率 = (1 - 报价/预算价) × 100%　　(8.3.4-2)

以上两式中的中标价及招标控制价均扣除暂列金额、暂估价。

(2)承包人依据合同约定的组价原则,合理成本和利润提出适当的单价经发包人确认后执行。

(3)如当前施行的计价依据缺项内容,承包人应通过市场调查等手段提出单价,经发包人确定后执行。

8.3.5 投标综合单价异常的处理。

1 投标综合单价遇下列情况,应对其异常性进行判定:

(1)投标综合单价与按合同约定的计价依据计算的综合单价偏差±30%以上;

(2)虽然综合单价正常,但组成综合单价的人、材、机消耗量或单价与按合同约定计价依据计算的人、材、机消耗量或单价相比偏差±30%以上;

(3)其他异常情况。

2 综合单价异常且工程量增减超过本项工程量15%以上的,按以下原则处理:

(1)工程量增加超过本项工程量15%以内的,按原综合单价计算,增加超过15%以外部分工程量,按第8.3.4条第3款重新确定综合单价,计算合价;

(2)工程量减少超过本项工程量15%以内的,按原综合单价在该项目合价中扣除,减少超过15%以外部分工程量,按第 8.3.4 条第 3 款重新确定综合单价,计算合价后,在该项目合价中扣除。

8.3.6 措施项目调整。因第 8.3.3 条的工程量清单项目及工程数量变化,造成施工组织设计或施工方案变更,引起措施项目内容、工程数量发生变化,应调整措施项目内容及措施费。

1 采用综合单价计价的措施项目,按第 8.3.4 条规定计价;

2 采用以"项"计价的技术措施项目,工程量清单项目及工程数量变化引起措施变动部分应重新组价;

3 施工组织措施项目按合同约定的费率内容调整相关措施费用。

8.3.7 价格波动引起合同价款的调整按照第 5.0.4 条有关条款执行。

8.3.8 其他项目费调整。

1 施工总承包服务费应根据合同约定费率(或金额)计算,如发生调整的,以发承包双方确定调整金额计算;

2 计日工应按发包人实际签证确认的事项所发生的数量计算;

3 暂列金额在减去工程价款调整与索赔、现场签证等金额后,如有余额,归还发包人。

8.4 不可抗力事件

8.4.1 不可抗力引起的后果及造成的损失由合同当事人按照法律规定及合同约定各自承担。不可抗力发生前完成的工程应当按照合同约定进行计量支付。

8.4.2 因不可抗力事件导致的人员伤亡、财产损失、费用增加和(或)工期延误等后果,由发承包双方按以下原则承担:

1 永久工程、已运至施工现场的材料和工程设备的损坏,以及因工程损坏造成的第三人人员伤亡和财产损失由发包人承担;

2 承包人施工设备的损坏由承包人承担;

3 发包人和承包人承担各自人员伤亡和财产的损失;

4 因不可抗力影响承包人履行合同约定的义务,已经引起或将引起工期延误的,应当顺延工期,由此导致承包人停工的费用损失由发包人和承包人合理分担,停工期间必须支付的工人工资由发包人承担;

5 因不可抗力引起或将引起工期延误,发包人要求赶工的,由此增加的赶工费用由发包人承担;

6 承包人在停工期间按照发包人要求照管、清理和修复工程的费用由发包人承担。

不可抗力发生后,合同当事人均应采取措施尽量避免和减少损失的扩大,任何一方当事人没有采取有效措施导致损失扩大的,应对扩大的损失承担责任。

因合同一方迟延履行合同义务,在迟延履行期间遭遇不可抗力的,不免除其违约责任。

8.5 工 程 索 赔

8.5.1 工程索赔是指在合同履行过程中,对于并非自己过错所造成的实际损失,向对方提出经济补偿或工期顺延的要求。

8.5.2 索赔方提出工程索赔要求时,应依据合同约定和法律、法规的规定,在规定时间内先提出索赔意向通知书,再提交有关索赔事件、索赔费用、索赔理由及有效依据的索赔报告。被索赔方或其委托方应及时对索赔事件、费用、理由、证据进行调查、分析、判断及计算,应依据合同约定和法律、法规的规定审核索赔报告,核定索赔费用。

8.5.3 索赔的一般程序:

1 索赔方确立索赔事项;

2　索赔方在合同约定的时间内提交索赔意向通知书;

3　被索赔方收集与索赔事项有关的资料;

4　索赔方在合同约定的时间内提交索赔申请表或正式索赔通知书(含最终索赔申请表或最终索赔通知书);

5　被索赔方审核索赔申请表或正式索赔通知书,在合同约定的时间内签署索赔核准表。

8.5.4　索赔处理的一般原则:

1　以合同为依据;

2　以完整、真实的索赔证据为基础;

3　及时、合理地处理索赔。

8.5.5　索赔的计算方法:

1　合同价款计算法,即按合同约定的工程价款计算方法确定索赔费用;

2　实际额外净支出费用(或实际损失)法,即以实际费用或实际损失为基础,扣除索赔方应承担的风险费用及自身责任损失。

8.5.6　索赔方未在合同约定时间内提出索赔的,视为丧失索赔权利。被索赔方在收到索赔申请表或正式索赔通知书(含最终索赔申请表或最终索赔通知书)后,未在合同约定时间做出答复,或其签复意见模棱两可、不明确的,该索赔及索赔金额视同认可。

8.5.7　索赔方应在索赔事项初发时采取控制措施防止损失扩大,因未采取有效措施而扩大的损失由其自行承担,采取措施的费用计入索赔金额内。

8.6　合同价款期中支付

8.6.1　合同价款期中支付是指工程预付款、进度款的支付。

8.6.2　工程预付款支付比例一般不低于签约合同价(扣除暂列金额)的10%,不高于合同金额的30%,具体根据工程规模、施工工期确定支付比例。对合同金额较大工程,可按年度施工计划逐年预付。预付的工程款应在合同中约定抵扣方式,并在工程进度款中进行抵扣。

8.6.3　发包人支付的预付款中应包括安全文明施工基本费,合同工期在一年以内的,预付费用不得低于安全文明施工费总额的50%;合同工期在一年以上的,预付费用不得低于30%,其余部分与进度款同期支付。承包人对安全文明施工费应单独开列账户专款专用,不得挪作他用。

8.6.4　工程进度款支付,发承包双方应在合同中约定工程进度款支付方式。工程进度款结算支付方式包括:

1　按月支付工程进度款。当月完成的工程量根据合同约定的计价方法计算工程造价,支付工程进度款;

2　按工程形象进度节点支付工程款。按合同约定的完成的工程形象进度节点支付合同工程款的比例,支付工程款;

3　合同约定的其他工程进度款支付方式。

8.6.5　发包人已确认的工程变更、现场签证、索赔及合同约定价款调整的工程款应作为追加(减)合同价款与工程款同期支付。

8.6.6　承包人应在每个计量周期到期后的7天内向发包人提交工程进度款支付申请,发包人收到承包人支付申请的14天内进行核实确认,并发出工程进度款支付证书,逾期未签发支付证书的,则视为承包人提交的进度款支付申请已被发包人认可,发承包双方对计量结果出现争议的,发包人应对无争议的计量结果出具进度款支付证书。

8.6.7　发出支付证书14天内按支付证书中列明的金额向承包人支付工程进度款。

8.6.8　发包人未按规定支付工程预付款、进度款的,承包人可催告发包人支付,并有权获得延迟支付的利息,利率一般按中国人民银行发布的同期同类贷款基准利率。发包人在付款期满后的7天内仍未支付的,承包人可在付款期满后的第8天起暂停施工,发包人应承担由此增加的费用和延误的工期,并承担违约责任。

8.7　工程结算与支付

8.7.1　承包人完成合同约定的工作内容,经验收合格,发承包双方应按合同约定的工程结算计价方法在合同约定的时间内办理工程结算。

8.7.2　承包人未在合同约定的时间内提交工程结算文件,经发包人催告后14天内还不提交竣工结算资料或未明确答复的,发包人有权根据已有资料编制工程结算文件,作为办理工程结算和支付结算价款的依据,承包人应予认可。

8.7.3　工程结算可按以下方式编制,发承包人在施工合同中约定:

1　按月、季或按形象进度支付工程进度款时计算的工程价款作为竣工结算价款依据,合同工程完工后,承包人进行汇总作为竣工结算文件;

2　发、承包双方可在合同中约定一个或多个期中结算的形象进度节点,或按年度完成的工程量办理工程结算,工程完工后再汇总各部分结算文件作为竣工结算文件。

8.7.4　发、承包人可参考表8.7.4在施工合同中约定工程结算文件审核时间,发包人应在约定时间内完成工程结算的审核,并出具审核报告。

表8.7.4　工程竣工结算审核时间表

序号	工程竣工结算书送审金额	提出审核意见时间
1	1000万元以下	从接到竣工结算资料之日起30天
2	5000万元以下	从接到竣工结算资料之日起60天
3	1亿元以下	从接到竣工结算资料之日起90天
4	5亿元以下	从接到竣工结算资料之日起120天
5	5亿元以上	从接到竣工结算资料之日起150天

8.7.5　发包人或其委托的中介机构在接收承包人提交的工程结算送审资料时应对资料完整性进行初审,接收通过资料完整性初审的资料后,在结算审核过程中,发包人或其委托的中介机构要求承包人进一步补充资料的,其合同中约定的工程结算审核时间不顺延,但发包人通知承包人后,承包人自己延误提交补充资料时间应予顺延。

8.7.6　承发包人可在施工合同中明确约定,在承包人提交竣工结算文件后,发包人应在合同约定期限内予以答复,逾期未答复则视为认可承包人的竣工结算文件,承包人可以请求按照竣工结算文件进行工程价款结算。

8.7.7　工程结算核对完成后,发、承包双方须签字确认。如承包人对核对后的工程结算书部分内容存在异议的,对无异议部分应予认可,对异议部分签署不同意见,保留其他途径解决的权利,发包人应予以支持配合。

8.7.8　发包人或其委托的中介机构与承包人完成工程结算核对后,如其中一方拒不签认的,按下列规定办理:

1　发包人拒不签认的,承包人可不提供竣工验收备案资料,并有权拒绝与发包人或其另委托的中介机构重新核对工程结算文件的要求;

2　承包人拒不签认的,发包人要求办理竣工备案的,承包人不得拒绝提供竣工验收备案资料,否则,由此造成的损失承包人承担相应责任。

8.7.9 发包人具备条件可自行组织工程结算审核。发包人不具备自行审核条件的,应委托具有相应资质的工程造价咨询人审核竣工结算,向受托方提供工程结算审核相关的资料及其他必要的配合工作,并对其所提供资料的真实性、合法性、完整性负责。

8.7.10 工程造价咨询人应根据委托协议、工程结算文件及相关资料,客观、公正地审核工程造价,按约定时间提出竣工结算审核报告。

8.7.11 工程结算核对完成,发承包双方签字确认后,发包人不得要求承包人与另一个或多个工程造价咨询人重复核对竣工结算。竣工结算审定文件一经双方确认即生效,除法律、法规另有规定外,任何一方不得随意更改。

8.7.12 工程竣工结算后,发包人扣除已付工程款及合同约定的质量保证金后,余额全部支付给承包人。

8.7.13 承包人根据办理的工程竣工结算文件提交工程竣工结算支付申请,发包人收到申请后 7 天内予以核实,并向承包人签发工程竣工结算支付证书,发包人未在规定时间内核实、签发工程竣工结算支付证书的,视为承包人的工程竣工结算支付申请已被发包人认可。

8.7.14 发包人签发工程竣工结算支付证书后的 14 天内,按支付证书列明的金额向承包人支付工程结算款,发包人未支付的,承包人可催告发包人支付,并有权获得延迟支付的利息。发包人在工程竣工结算支付证书签发后或者收到承包人提交的竣工结算支付申请 7 天后的 56 天内仍未支付的,除法律另有规定外,承包人可与发包人协商将该工程折价,也可直接向人民法院申请将该工程依法拍卖。承包人应就该工程折价或拍卖的价款优先受偿。

8.7.15 发包人应按照合同约定的工程质量保证金比例从工程结算价中预留或以保函形式预留。承包人未按照合同规定履行工程缺陷修复义务的,发包人有权从质量保证金中扣除用于缺陷修复的费用。

8.7.16 缺陷责任期到期后,承包人向发包人提交最终结清支付申请,发包人收到支付申请后 14 天内予以核实,并签发最终支付证书,发包人未在规定时间内核实、签发支付证书的,应视为承包人提交的最终结清支付申请已被发包人认可。

8.7.17 发包人在签发最终结清支付证书后 14 天内,按照最终结清支付证书中列明的金额向承包人支付最终结清款,发包人未支付的,承包人可催告发包人支付,并有权获得延迟支付的利息。

8.7.18 最终结清时,承包人被预留的工程质量保证金不足以抵减发包人工程缺陷修复费用的,承包人应承担不足部分的补偿责任。

9 工程计价纠纷处理

9.0.1 处理方式。

1 纠纷当事人协商：

(1)发生工程计价纠纷时，合同双方当事人应进行协商；

(2)协商达成一致的，合同双方当事人应就达成一致的意见签订书面协议或者协商纪要，共同签字盖章。

2 第三方调解和专家评审：

(1)第三方调解。当事人对于计价纠纷可向工程造价管理协会申请第三方调解。纠纷调解时应成立专家组，专家组人员从专家库中选择3名及以上的委员组成，复杂的事项由5名及以上专家委员组成(委员的人数为奇数)，调解建议意见应按照少数服从多数的原则做出。工程计价纠纷经调解后，合同双方当事人达成一致意见的，应制作《调解书》。《调解书》经合同双方当事人签字和盖章、调解人签字和盖章后，作为工程计价的依据。

(2)专家评审。工程造价管理协会的第三方调解有一方不接受调解建议意见的，宣布调解无效，行业协会调解程序终止。调解失败后，当事人要求专家组进行专家评审的，专家组即转为专家评审组，专家组根据双方提交的证据材料，按照少数服从多数的原则作出客观的专家意见，经全体专家委员签名确认，形成《专家评审意见书》。

3 行政调解：

(1)合同双方当事人无法协商达成一致意见的，可向工程造价管理机构申请行政调解；

(2)工程计价纠纷经行政调解后，合同双方当事人达成一致意见的，应制作《调解书》。《调解书》经合同双方当事人签字和盖章、调解人签字和盖章后，作为工程计价的依据。

4 诉讼或仲裁：

当事人可按施工合同约定向人民法院诉讼或申请仲裁。

当事人协商、第三方调解和专家评审、行政调解程序并非诉讼或仲裁的前置程序，当事人在纠纷处理时可以选择。

9.0.2 纠纷处理的依据。

1 工程计价纠纷调解应符合法律、法规的规定，以事实为依据，做到客观公正、公平合理。

2 调解工程计价纠纷的依据包括但不限于：

(1)本计价规则；

(2)国家发布的工程量计量规范和计价规范；

(3)施工合同文件(含补充协议、会议纪要、签证等)；

(4)施工设计文件及有关资料；

(5)合同双方当事人确认的工程量；

(6)合同双方当事人确认追加(或减少)的工程价款；

(7)与建设项目相关的标准、规范等技术资料；

(8)投标文件；

(9)招标文件及招标补充文件、工程量清单；

(10)施工图纸和设计变更联系单；

(11)其他与工程计价相关的资料。

3 受理下列情形发生的工程计价纠纷：

(1)执行建设工程计价依据;

(2)执行工程计价相关政策规定;

(3)履行施工合同;

(4)调整工程价款;

(5)涉及工程计价的其他情形。

4 合同双方当事人申请工程计价纠纷第三方调解或专家评审、行政调解,实行自愿原则。申请时应提交书面《申请报告》和有关证据材料。申请报告应列明以下内容:

(1)申请人的名称、办公地址或姓名、住所;

(2)申请人的法定代表人签章;

(3)工程计价纠纷的争议事项;

(4)具体的请求、事实和理由,并附相关证据;

(5)申请人的联系方式(包括联系人、电话等);

(6)申请日期和单位盖章。

5 申请工程计价第三方调解和专家评审、行政调解的当事人应对自己的主张提供翔实的证据材料。在纠纷调解过程中可充分发挥注册造价工程师的作用,双方当事人可自愿聘请造价工程师为自己的主张提供技术支持。

6 工程计价纠纷调解人员在实施调解前应当拟定调解提纲。调解时合同双方当事人均应到场。调解人员应认真听取合同双方当事人意见,如实做好调解笔录,依法合理地做出调解意见,并尽量促成合同双方当事人达成调解协议。

10　标准(示范)格式

本章为浙江省工程建设各阶段计价提供统一的标准格式,其中:

第10.1节为工程前期计价表式。建设项目概算书按本节所列表式编制,编制工程估算时,其格式可参照概算编制有关表式,结合编制阶段工程资料的形成程度及计价依据的使用可做适当调整及补充。

第10.2节为工程建设实施期计价表式。工程建设实施期计价表式包括工程发承包至工程竣工结算各阶段有关计价表式,工程实施相应阶段计价表式的使用详见其导则。工程造价鉴定除封面及扉页以外,其他有关计价表式根据鉴定工程的计价阶段参照使用本节有关表式。

第10.3节为其他表式。适用于工程建设计价、全过程管理中的工程变更、签证、价款支付、索赔等计价活动。

10.1　工程前期(概算)计价格式

10.1.1　概算计价格式。

1　工程建设项目概算书(封面)(表10.1.1-1);

2　工程建设项目概算书(扉页)(表10.1.1-2);

3　编制说明(表10.1.1-3);

4　总(综合)概算表(表10.1.1-4);

5　工程建设其他费用计算表(表10.1.1-5);

6　工程建设专项费用计算表(表10.1.1-6);

7　单项工程概算汇总表(表10.1.1-7);

8　单位工程概算费用计算表(表10.1.1-8);

9　建筑工程概算表(表10.1.1-9);

10　设备及安装工程概算表(表10.1.1-10);

11　进口设备材料货价及从属费用计算表(表10.1.1-11);

12　主要材料用量表(表10.1.1-12);

13　设备、工器具汇总表(表10.1.1-13);

14　总(综合)概算调整表(表10.1.1-14)。

表 10.1.1-1 工程建设项目概算书(封面)格式

(建设项目名称)

工程建设项目概算书

档案号：

共　册　第　册

(编制单位名称)

(编制单位盖章)

编制日期：　　年　月　日

表10.1.1-2 工程建设项目概算书(扉页)格式

工程建设项目概算书

建设项目名称:________________

概算费用总额(万元):________________

编制单位资质证书号(资质证章):________________

编制人(资格证章):________________

校对人(资格证章):________________

审核人(资格证章):________________

审定人(资格证章):________________

编制单位(公章):________________

编制日期: 年 月 日

表 10.1.1-3　编制说明格式

编 制 说 明

1. 项目概况:简述建设项目的建设地点、设计规模、建设性质(新建、扩建或改建)、工程类别、建设期(年限)、主要工程内容、主要工程数量、主要工艺设备及数量等。

2. 资金来源:按照资金来源不同渠道分别说明,发生资产租赁的说明方式及租金。

3. 编制依据。

4. 编制范围。

5. 引进设备材料有关费率取定及依据。

国外运输费、国外运输保险费、海关税费、增值税、国内运杂费、其他税费。

6. 主要技术经济指标:项目概算总投资(有引进的给出所需外汇额度)及主要分项投资、主要技术经济指标、主要单位投资指标等。

7. 其他需要说明的内容。

必要时工程内容,有关数量、数据可列表表示。

表 10.1.1-4 总(综合)概算表

项目名称: (单位:万元) 第 页 共 页

序号	工程项目或费用名称	概算费用					技术经济指标		占总投资额(%)
		建筑工程费	安装工程费	设备购置费	其他费用	合计	建筑面积(m^2)	单方造价(元/m^2)	
一	工程费用								
1	主要工程								
1.1	×××工程								
1.2	×××工程								
	…								
2	配套、辅助工程								
2.1	×××工程								
2.2	×××工程								
	…								
二	工程建设其他费用								
3	主要工程								
3.1	×××工程								
3.2	×××工程								
	…								
4	配套、辅助工程								
4.1	×××工程								
4.2	×××工程								
	…								
三	工程建设专项费用								
5	…								
四	预备费用								
6	基本预备费								
7	涨价预备费								
五	固定资产投资方向调节税								
六	建设期贷款利息								
七	铺底流动资金								
八	项目概算总投资								

编制人: 审核人: 审定人: 编制日期: 年 月 日

表 10.1.1-5 工程建设其他费用计算表

项目名称： 第 页 共 页

序号	费用项目名称	计算基数	费率(%)	金额(元)	计算公式	备注
合 计						

编制人： 审核人： 审定人： 编制日期： 年 月 日

表 10.1.1-6 工程建设专项费用计算表

项目名称： 第 页 共 页

序号	费用项目名称	计算基数	费率(%)	金额(元)	计算公式	备注
合 计						

注：专项费用包括固定资产投资方向调节税、建设期贷款利息、铺底流动资金。

编制人： 审核人： 审定人： 编制日期： 年 月 日

表 10.1.1-7 单项工程概算汇总表

单项工程： (单位：万元) 第 页 共 页

序号	单位工程名称	概算造价				技术经济指标		占总投资额(%)
		建筑工程费	安装工程费	设备购置费	合计	建筑面积(m^2)	单方造价(元/m^2)	
合 计								

编制人： 审核人： 审定人： 编制日期： 年 月 日

表10.1.1-8 单位工程概算费用计算表

单位工程名称： 第 页 共 页

序号	费用项目名称		计算公式	金额(元)
一	分部分项工程费		Σ(分部分项工程量×综合单价)	
	其中	1.人工费+机械费	Σ分部分项(人工费+机械费)	
二	施工技术措施项目费		Σ(技术措施项目工程量×综合单价)	
	其中	2.人工费+机械费	Σ技术措施项目(人工费+机械费)	
三	综合费用		(1+2)×综合费率	
四	其他费用		3+4+5	
	其中	3.标化工地预留费	(1+2)×费率	
		4.优质工程预留费	(一+二)×费率	
		5.概算扩大费用	(一+二+三)×扩大系数	
五	税前概算费用		一+二+三+四	
	其中	6.不计税金额	按规定不计税的工程设备金额列入	
六	增值税		(五-6)×税率	
七	建筑安装工程概算费用		五+六	

编制人： 审核人： 审定人： 编制日期： 年 月 日

表10.1.1-9 建筑工程概算表

单位工程名称： 第 页 共 页

序号	定额编号	工程项目或费用名称	单位	数量	单价(元)				合价(元)			
					合计	其中			合计	其中		
						人工费	材料费	机械费		人工费	材料费	机械费
合计												

编制人： 审核人： 审定人： 编制日期： 年 月 日

表 10.1.1-10 设备及安装工程概算表

单位工程名称： 第 页 共 页

序号	定额编号	工程项目或费用名称	单位	数量	单价(元)					合价(元)				
					设备和主材费	定额单价(元)				设备和主材费	定额合价(元)			
						合计	其 中				合计	其 中		
							人工费	材料费	机械费			人工费	材料费	机械费
合 计														

注：定额单价为按定额消耗量及项目编制期取定的基准价计算的单价值。

编制人： 审核人： 审定人： 编制日期： 年 月 日

表 10.1.1-11 进口设备材料货价及从属费用计算表

建设项目名称： 单项(单位)工程名称： 第 页 共 页

序号	设备材料规格名称	单位	数量	单价(美元)	外币金额(美元)					折合人民币(元)	人民币金额(元)						合计(元)
					货价	运输费	保险费	其他费用	小计		关税	增值税	银行财务费	外贸手续费	国内运杂费	小计	
合 计																	

编制人： 审核人： 审定人： 编制日期： 年 月 日

表 10.1.1-12 主要材料用量表

单位工程名称： 第 页 共 页

序号	材料名称及规格型号	单位	数量	单价(元)	合价(元)	说明
合 计						

编制人： 审核人： 审定人： 编制日期： 年 月 日

表 10.1.1-13 设备、工器具汇总表

项目名称： 第 页 共 页

序号	设备、工器具名称及规格型号	单位	数量	单价(元)	合价(元)	说明
合　计						

编制人： 审核人： 审定人： 编制日期： 年 月 日

表 10.1.1-14 总(综合)概算调整表

项目名称： 单项(单位)工程名称： (单位：万元) 第 页 共 页

序号	工程项目或费用名称	原批准概算					调整概算				
		建筑工程费	安装工程费	设备购置费	其他费用	合计	建筑工程费	安装工程费	设备购置费	其他费用	合计
一	工程费用										
1	主要工程										
1.1	×××工程										
1.2	×××工程										
	…										
2	配套、辅助工程										
2.1	×××工程										
2.2	×××工程										
	…										
二	其他费用										
3	主要工程										
3.1	×××工程										
3.2	×××工程										
	…										
4	配套、辅助工程										
4.1	×××工程										
4.2	×××工程										
	…										
三	预备费用										
5	基本预备费										
6	涨价预备费										
四	固定资产投资方向调节税										
五	建设期贷款利息										
六	铺底流动资金										
七	项目概算总投资										

编制人： 审核人： 审定人： 编制日期： 年 月 日

10.2 工程建设实施期计价表式

10.2.1 导则。

1. 工程建设实施阶段计价活动应采用本规则有关附表统一格式,具体工程可根据计价需要在本规则表式的基础上予以补充完善。

2. 工程计价表式的设置应满足工程计价的需要,方便使用。

3. 各表式应按规定的内容填写、签字、盖章。受委托编制的计价文件应有造价工程师签字、盖章以及工程造价咨询人盖章。

4. 工程计价表式中,除有注明外,均为通用表式。

5. 招标人编制的工程量清单应在编制说明中明确:

(1)工程概况:建设规模、工程特征、计划工期、施工现场实际情况、自然地理条件、环境保护要求等。

(2)工程招标和专业工程发包范围。

(3)工程量清单编制依据。

(4)工程质量、材料、施工等特殊要求。

(5)其他需要说明的问题。

6. 各阶段编制的计价文件应在编制说明中明确:

(1)工程概况:建设规模、工程特征、计划工期、合同工期、实际工期、施工现场及变化情况、施工组织设计特点、自然地理条件、环境保护要求等。

(2)编制依据。

(3)工程计价、计税方法。

(4)有关计价标准(费率、价格)的取定及计算方法。

(5)有关计价内容列项、计量需要说明的问题。

(6)其他需要说明的问题。

7. 投标人应按招标文件的要求,附工程量清单综合单价分析表。

8. 各阶段计价表式的使用应按表10.2.1选用编列。

表10.2.1 各阶段计价文件表式选用表

序号	表式号	表式名称	各计价阶段选用表式			
			招标清单	控制价	投标价	结算价
1	10.2.2-1	招标工程量清单封面	√			
2	10.2.2-2	招标工程量清单扉页	√			
3	10.2.2-3	招标控制价封面		√		
4	10.2.2-4	招标控制价扉页		√		
5	10.2.2-5	投标报价封面			√	
6	10.2.2-6	投标报价扉页			√	
7	10.2.2-7	竣工结算书封面				√
8	10.2.2-8	竣工结算总价扉页				√

续表 10.2.1

序号	表式号	表式名称	各计价阶段选用表式			
			招标清单	控制价	投标价	结算价
9	10.2.2-11	编制说明	√	√	√	√
10	10.2.2-12	招标控制价(投标报价)费用表		√	√	
11	10.2.2-13	单位(专业)工程招标控制价(投标报价)费用表		√	√	
12	10.2.2-14	竣工结算费用表				√
13	10.2.2-15	单位(专业)工程竣工结算费用表				√
14	10.2.2-16	分部分项工程和施工技术措施项目清单与计价表	√	√	√	√
15	10.2.2-17	综合单价计算表		√	√	√
16	10.2.2-18	综合单价工料机分析表(见注2)		(√)	(√)	(√)
17	10.2.2-19	综合单价调整表				√
18	10.2.2-20	施工组织(总价)措施项目清单与计价表	√	√	√	√
19	10.2.2-21	其他项目清单与计价汇总表	√	√	√	√
20	10.2.2-22	暂列金额明细表	√	√	√	√
21	10.2.2-23	材料(工程设备)暂估单价及调整表	√	√	√	√
22	10.2.2-24	专业工程暂估价(结算价)表	√	√	√	√
23	10.2.2-25	专项技术措施暂估价(结算价)表	√	√	√	√
24	10.2.2-26	计日工表	√	√	√	√
25	10.2.2-27	总承包服务费计价表	√	√	√	√
26	10.2.2-28	索赔与现场签证计价汇总表				√
27	10.2.2-29	主要工日一览表	√	√	√	√
28	10.2.2-30	发包人提供材料和设备一览表	√	√	√	√
29	10.2.2-31	主要材料和工程设备一览表	√	√	√	√
30	10.2.2-32	主要机械台班一览表	√	√	√	√
31	10.2.2-33	主要工日、材料和设备、机械台班价格调整一览表(适用于信息价差调整法)		√	√	√
32	10.2.2-34	主要工日、材料和工程设备、机械台班价格调整一览表(适用于价格指数差额调整法)		√	√	√

注:1. 按合同约定进行分段(或期间)结算的计价表式可参照表内竣工结算表式使用,工程造价鉴定有关表式应根据不同的计价阶段,选择上表内相应表式。

2. 使用综合单价工料机分析表时招标人应在招标文件中明确是否要求投标人提供完整的或部分主要项目的综合单价工料机分析表;被评标委员会推荐为中标单位的,投标人应提供完整的与投标报价相一致的综合单价工料机分析表。

10. 2. 2 计价表式。

1 工程计价文件封面及扉页格式(表 10. 2. 2-1 ~ 表 10. 2. 2-10)。

2 工程计价编制说明格式(表 10. 2. 2-11)。

3 工程计价汇总表格式(表 10. 2. 2-12 ~ 表 10. 2. 2-15)。

4 分部分项工程和措施项目计价表(表 10. 2. 2-16 ~ 表 10. 2. 2-20)。

5 其他项目计价表(表 10. 2. 2-21 ~ 表 10. 2. 2-28)。

6 主要工日、材料和工程设备、机械一览表(表 10. 2. 2-29 ~ 表 10. 2. 2-34)。

表 10. 2. 2-1 招标工程量清单封面格式

＿＿＿＿＿＿工程

招标工程量清单

招　标　人:＿＿＿＿＿＿＿＿＿＿＿＿＿＿＿＿

(单位盖章)

造价咨询人:＿＿＿＿＿＿＿＿＿＿＿＿＿＿＿＿

(单位盖章)

年　月　日

表 10.2.2-2 招标工程量清单扉页格式

__________工程

招标工程量清单

招 标 人：____________
(单位盖章)

造价咨询人：____________
(单位资质专用章)

法定代表人
或其授权人：____________
(签字或盖章)

法定代表人
或其授权人：____________
(签字或盖章)

编 制 人：____________
(造价工程师签字盖专用章)

复 核 人：____________
(造价工程师签字盖专用章)

编制时间： 年 月 日 复核时间： 年 月 日

表 10. 2. 2-3　招标控制价封面格式

________工程 **招标控制价** 招　标　人：________________ (单位盖章) 造价咨询人：________________ (单位盖章) 年　月　日

表 10.2.2-4 招标控制价扉页格式

______工程

招标控制价

招标控制价(小写):______

(大写):______

招 标 人:______ 造价咨询人:______

(单位盖章) (单位资质专用章)

法定代表人
或其授权人:______

(签字或盖章)

法定代表人
或其授权人:______

(签字或盖章)

编 制 人:______

(造价工程师签字盖专用章)

复 核 人:______

(造价工程师签字盖专用章)

编制时间: 年 月 日 复核时间: 年 月 日

表 10.2.2-5　投标报价封面格式

________工程 **投 标 报 价** 投　标　人：________________________ (单位盖章) 年　月　日

表 10.2.2-6 投标报价扉页格式

投 标 报 价

招 标 人：________________

工 程 名 称：________________

投标总价(小写)：________________

(大写)：________________

投 标 人：________________

(单位盖章)

法定代表人
或其授权人：________________

(签字或盖章)

编 制 人：________________

(造价工程师签字盖章)

编制日期： 年 月 日

表 10. 2. 2-7 竣工结算书封面格式

________工程 **竣工结算书** 承　包　人：________________ (单位盖章) 造价咨询人：________________ (单位盖章) 年　月　日

注：竣工结算为承包人委托造价咨询人编制时，造价咨询人须盖章。

表 10.2.2-8 竣工结算总价扉页格式

______工程

竣工结算总价

签约合同价(小写):______ (大写):______

竣工结算价(小写):______ (大写):______

承 包 人:______
(单位盖章)

造价咨询人:______
(单位资质专用章)

法定代表人
或其授权人:______
(签字或盖章)

法定代表人
或其授权人:______
(签字或盖章)

编 制 人:______
(造价工程师签字盖专用章)

复 核 人:______
(造价工程师签字盖专用章)

编制时间: 年 月 日 复核时间: 年 月 日

注:竣工结算为承包人委托造价咨询人编制时,造价咨询人须盖章。

表10.2.2-9 工程造价鉴定意见书封面格式

________工程

编号:×××[2×××]××号

工程造价鉴定意见书

造价咨询人:______________________________

(单位盖章)

年 月 日

表 10.2.2-10 工程造价鉴定意见书扉页格式(省补)

________工程

工程造价鉴定意见书

鉴定结论:________________________

造价咨询人:________________________
(盖单位章及资质专用章)

法定代表人:________________________
(签字或盖章)

造价工程师:________________________
(签字盖专用章)

年 月 日

表 10.2.2-11 编制说明

工程名称： 第 页 共 页

1. 工程概况：建设地址、建筑面积、建筑高度、占地面积、经济指标、层高、层数、结构形式、定额(计划)工期、质量目标、施工现场情况、自然地理条件、环境保护要求等。
2. 编制依据：计价依据、标准与规范、施工图纸、标准图集等。
3. 采用(或经合同双方批准、确认)的施工组织设计。
4. 综合单价需(或已)包括的风险因素、范围(幅度)。
5. 采用的计价、计税方法。
6. 其他需要说明的问题。

注：1. 工程概况须根据不同专业工程特征要求进行表述；
2. 必要时有关工程内容、数量、数据、工程特征等可列表表示；
3. 不同计价阶段应列明相应阶段涉及量、价、费的计价依据及取定标准。

表 10.2.2-12 招标控制价(投标报价)费用表

工程名称： 第 页 共 页

序号	工程名称	金额(元)	其中：(元)				备注
			暂估价	安全文明施工基本费	规费	税金	
1	××单项工程						
1.1	××单位工程						
1.1.1	××专业工程						
…							
1.2	××单位工程						
1.2.1	××专业工程						
…							
2	××单项工程						
2.1	××单位工程						
2.1.1	××专业工程						
…							
2.2	××单位工程						
2.2.1	××专业工程						
…							
合 计							

注：1. 本表适用于建设工程项目或单项工程招标控制价或投标报价的汇总。
2. 暂估价包括分部分项工程中的暂估价和专业工程暂估价不含发包人单独发包的专业工程暂估价。

表 10.2.2-13 单位(专业)工程招标控制价(投标报价)费用表

工程名称: 标段: 第 页 共 页

序号	费用名称		计算公式	金额(元)	备注
1	分部分项工程费		Σ(分部分项工程量×综合单价)		见表 10.2.2-16
1.1	其中	人工费+机械费	Σ分部分项(人工费+机械费)		
2	措施项目费		(2.1+2.2)		
2.1	施工技术措施项目费		Σ(技术措施项目工程量×综合单价)		见表 10.2.2-16
2.1.1	其中	人工费+机械费	Σ技术措施项目(人工费+机械费)		
2.2	施工组织措施项目		Σ计费基数×费率		见表 10.2.2-20
2.2.1	其中	安全文明施工基本费	Σ计费基数×费率		见表 10.2.2-20
3	其他项目		(3.1+3.2+3.3+3.4)		
3.1	暂列金额		3.1.1+3.1.2+3.1.3		见表 10.2.2-21
3.1.1	其中	标化工地增加费	按招标文件规定额度列计		见表 10.2.2-22
3.1.2		优质工程增加费	按招标文件规定额度列计		见表 10.2.2-22
3.1.3		其他暂列金额	按招标文件规定额度列计		见表 10.2.2-22
3.2	暂估价		3.2.1+3.2.2+3.2.3		见表 10.2.2-21
3.2.1	其中	材料(工程设备)暂估价	按招标文件规定额度列计 (或计入综合单价)		见表 10.2.2-23
3.2.2		专业工程暂估价	按招标文件规定额度列计		见表 10.2.2-24
3.2.3		专项技术措施暂估价	按招标文件规定额度列计		见表 10.2.2-25
3.3	计日工		Σ计日工(暂估数量×综合单价)		见表 10.2.2-21
3.4	施工总承包服务费		3.4.1+3.4.2		见表 10.2.2-21
3.4.1	其中	专业发包工程管理费	Σ专业发包工程(暂估金额×费率)		见表 10.2.2-27
3.4.2		甲供材料设备管理费	甲供材料暂估金额×费率+ 甲供设备暂估金额×费率		见表 10.2.2-27
4	规费		计算基数×费率		
5	增值税		计算基数×税率		
招标控制价(投标报价)合计			1+2+3+4+5		

注:1. 本表适用于单位工程招标控制价或投标报价的汇总,如无单位工程划分,单项工程也使用本表汇总。

2. 材料(工程设备)暂估单价已进入清单项目综合单价的,所含"暂估价"需在本表"分部分项工程""措施项目(施工技术措施项目)"的对应栏目填写,"其他项目"栏目内不再汇总。

3. 专业工程暂估价内不含发包人单独发包的专业工程暂估价。

表 10.2.2-14 竣工结算费用表

工程名称： 第 页 共 页

序号	工程名称	金额(元)	其中:(元)		备注
			安全文明施工费	规费	
1	××单项工程				
1.1	××单位工程				
1.1.1	××专业工程				
…					
1.2	××单位工程				
1.2.1	××专业工程				
…					
2	××单项工程				
2.1	××单位工程				
2.1.1	××专业工程				
…					
2.2	××单位工程				
2.2.1	××专业工程				
…					
合 计					

表 10.2.2-15 单位(专业)工程竣工结算费用表

工程名称： 标段： 第 页 共 页

序号	费用名称		计算公式	金额(元)	备注
1	分部分项工程		Σ(分部分项工程量×综合单价)		见表 10.2.2-16
1.1	其中	人工费+机械费	Σ分部分项(人工费+机械费)		
2	措施项目		2.1+2.2		
2.1	施工技术措施项目		Σ(技术措施项目工程量×综合单价)		见表 10.2.2-16 及表 10.2.2-25
2.1.1	其中	专项技术措施结算价	按合同约定计价		见表 10.2.2-25
2.1.2		人工费+机械费	Σ技术措施项目(人工费+机械费)		
2.2	施工组织措施项目		Σ计费基数×费率		见表 10.2.2-20
2.2.1	其中	安全文明施工基本费	Σ计费基数×费率		
2.2.2		标化工地增加费	按合同约定计价		
3	其他项目		3.1+3.2+3.3+3.4+3.5		见表 10.2.2-21
3.1	专业工程结算价		按合同约定计价		见表 10.2.2-24
3.2	计日工		Σ计日工(确认数量×综合单价)		见表 10.2.2-26
3.3	施工总承包服务费		3.3.1+3.3.2		见表 10.2.2-27
3.3.1	其中	专业发包管理费	Σ专业发包工程(结算金额×费率)		
3.3.2		甲供材料(设备)管理费	甲供材料确认金额×费率+ 甲供设备确认金额×费率		
3.4	索赔与现场签证		见表 10.2.2-28		
3.4.1	其中	索赔	按各索赔事件的除税金外 全费用金额之和进行计算		
3.4.2		现场签证	按各签证事项的除税金外 全费用金额之和进行计算		
3.5	优质工程增加费		按合同约定计价		
4	规费		计算基数×费率		
5	增值税		计算基数×税率		
竣工结算总价合计			1+2+3+4+5		

注：如无单位工程划分，单项工程也使用本表汇总。

表 10.2.2-16 分部分项工程和施工技术措施项目清单与计价表

单位(专业)工程名称: 标段: 第 页 共 页

序号	项目编码	项目名称	项目特征	计量单位	工程量	金额(元)					备注
						综合单价	合价	其中			
								人工费	机械费	暂估价	
本页小计											
合 计											

注:1. 本表为分部分项和施工技术措施项目清单及计价表通用表式,使用时表头名称可简化为其中一类的计价表。
2. 工程招投标时“暂估价”按招标文件指定价格计入,竣工结算时以合同双方确认价格替换计入综合单价内。

表 10.2.2-17 综合单价计算表

单位(专业)工程名称: 标段: 第 页 共 页

清单序号	项目编码(定额编号)	清单(定额)项目名称	计量单位	数量	综合单价(元)						合计(元)
					人工费	材料(设备)费	机械费	管理费	利润	小计	
1	(清单编码)	(清单名称)									
	(定额编号)	(定额名称)									
	……	……									
合 计											

注:本表中涉及的计费标准请填入以下公式括号内:
管理费 = (计算基数名称) × (费率)、利润 = (计算基数名称) × (费率)。

表10.2.2-18　综合单价工料机分析表

单位(专业)工程名称：　　　　　　　　标段：　　　　　　　　第　页　共　页

项目编码			项目名称				计量单位	
清单综合单价组成明细								
序号	名称及规格、型号		单位	数量	单价(元)	其中	合价(元)	其中
						暂估单价(元)		暂估合价(元)
1	人工	一类人工				—		—
		二类人工				—		—
		三类人工				—		—
	人工费小计							
2	材料(工程设备)							
		其他材料费						
	材料(工程设备)费小计							
3	机械					—		—
						—		—
						—		—
	机械费小计							
4	工料机费用合计(1+2+3)							
5	管理费　(计费基数×费率)							—
6	利润　(计费基数×费率)							—
7	综合单价(4+5+6)							—

注:1. 本表为分部分项及施工技术措施综合单价分析通用表。

2. 招标文件提供了暂估单价的材料,按暂估的单价填入表内“暂估单价”栏并计算对应的“暂估合价”。

表10.2.2-19　综合单价调整表

工程名称：　　　　　　　　标段：　　　　　　　　第　页　共　页

序号	项目编号	项目名称	已标价清单综合单价(元)					调整后综合单价(元)				
			综合单价	其中				综合单价	其中			
				人工费	材料费	机械费	管理费和利润		人工费	材料费	机械费	管理费和利润
造价工程师(签章)：　　发包人代表(签章)： 日期：								造价人员(签章)：　　承包人代表(签章)： 日期：				

注:综合单价调整应附调整依据。

表 10.2.2-20 施工组织(总价)措施项目清单与计价表

工程名称： 标段： 第 页 共 页

序号	项目编号	项 目 名 称	计算基础	费率(%)	金额(元)	调整费率(%)	调整后金额(元)	备注
1		安全文明施工费						
1.1		安全文明施工基本费						
1.2		标化工地增加费						
2		提前竣工增加费						
3		二次搬运费						
4		冬雨季施工增加费						
5		行车、行人干扰增加费						
6		其他施工组织措施费						
合 计								

注：1. 第 1 项、第 2 项工程招投标阶段在其他项目暂列金内计列，竣工结算时按合同约定计算。
2. “其他施工组织措施费”在计价时须列出具体费用名称。
3. 工程结算时按合同约定调整费率和金额。

表 10.2.2-21 其他项目清单与计价汇总表

工程名称： 标段： 第 页 共 页

序号	项 目 名 称	金额(元)	结算金额(元)	备注
1	暂列金额			
1.1	标化工地增加费		—	
1.2	优质工程增加费		—	明细详见表 10.2.2-22
1.3	其他暂列金额			
2	暂估价			
2.1	材料(设备)暂估价(结算价)			明细详见表 10.2.2-23
2.2	专业工程暂估价(结算价)			明细详见表 10.2.2-24
2.3	专项技术措施暂估价		—	明细详见表 10.2.2-25
3	计日工			明细详见表 10.2.2-26
4	总承包服务费			明细详见表 10.2.2-27
5	索赔与现场签证	—		明细详见表 10.2.2-28
合 计				—

注：1. 工程结算时第 1.1 项、第 1.2 项分别在施工组织措施项目和其他项目计价表内计列。
2. 工程结算时第 2.3 项在施工技术措施项目计价表内计列。
3. 材料(设备)暂估单价进入清单项目综合单价。
4. 索赔与现场签证在工程结算期计列。

表 10.2.2-22 暂列金额明细表

工程名称： 标段： 第 页 共 页

序号	项目名称	计量单位	暂定金额(元)	备注
1	标化工地增加费			
2	优质工程增加费			
3	其他暂列金额			
3.1				
3.2				
3.3				
合计				—

注：1. 此表由招标人填写，如不能详列，也可只列暂定金额总额，投标人应将上述暂列金额计入投标总价中。
2. 工程结算时序号第 1 项、第 2 项分别在施工组织措施项目和其他项目计价表内计列。

表 10.2.2-23 材料(工程设备)暂估单价及调整表

单位(专业)工程名称： 标段： 第 页 共 页

序号	材料(工程设备)名称、规格、型号	计量单位	数量		暂估(元)		确认(元)		差额±(元)		备注
			暂估	确认	单价	合价	单价	合价	单价	合价	
合计											

注：1. 此表"暂估单价"由招标人填写，并在备注栏说明暂估价的材料、设备拟用在哪些清单项目上，投标人应将上述材料、设备计入相应的工程量清单综合单价报价中。
2. 本表中"确认"栏在工程各结算期内按合同双方确认值计列。

表 10.2.2-24 专业工程暂估价(结算价)表

单位(专业)工程名称： 标段： 第 页 共 页

序号	工程名称	工程内容	暂估金额(元)	结算金额(元)	差额±(元)	备注
合计						

注：1. 此表"暂估金额"由招标人填写，投标人应将"暂估金额"计入投标总价中。
2. 结算时按合同约定结算金额填写，如合同约定按具体计价子目计价时，也可在项目相应计价表内计列。

表 10.2.2-25 专项技术措施暂估价(结算价)表

单位(专业)工程名称: 标段: 第 页 共 页

序号	工程名称	工程内容	暂估金额(元)	结算金额(元)	差额±(元)	备注
合 计						

注:1.此表"暂估金额"由招标人填写,投标人应将"暂估金额"计入投标总价中。

2.结算时按合同约定结算金额填写,如合同约定按具体计价子目计价时,也可在项目相应计价表内计列。

表 10.2.2-26 计日工表

单位(专业)工程名称: 标段: 第 页 共 页

编号	项目名称	单位	暂定数量	实际数量	综合单价(元)	合价(元)	
						暂定	实际
一	人 工						
1	(按需要填报人工等级或工种名称)						
2							
人 工 小 计							
二	材 料						
1							
2							
材 料 小 计							
三	施 工 机 械						
1							
2							
施工机械小计							
总 计							

注:1.此表项目名称、暂定数量由招标人填写,编制招标控制价时,单价由招标人按有关计价规定确定;投标报价时,单价由投标人自主报价,按暂定数量计算合价计入投标总价中。

2.工程结算时,按发承包双方确认的实际数量计算合价,且本表与表 10.2.2-28 计列内容不得重复计价。

表 10.2.2-27 总承包服务费计价表

单位(专业)工程名称: 标段: 第 页 共 页

序号	项目名称	项目价值(元)	服务内容	计算基础	费率(%)	金额(元)
1	发包人单独发包专业工程					
1.1						
1.2						

续表 10.2.2-27

序号	项目名称	项目价值(元)	服务内容	计算基础	费率(%)	金额(元)
2	发包人提供材料(设备)					
2.1						
2.2						
合计		—	—		—	

注:1. 此表项目名称、项目价值、服务内容由招标人填写,编制招标控制价时,费率及金额由招标人按有关计价规定确定;投标报价时,费率及金额由投标人自主报价,计入投标总价中。
2. 工程结算时本表各项目价值(或计费基础)是否调整由合同双方商定。

表 10.2.2-28 索赔与现场签证计价汇总表

工程名称: 标段: 第 页 共 页

序号	索赔及签证项目名称	计量单位	数量	单价(元)	合价(元)	索赔及签证依据
合计		—	—	—		—

注:1. 本表适用于工程结算阶段计价,签证及索赔依据是指经双方认可的签证单和索赔依据的编号。
2. 本表须有表 10.3.2、表 10.3.3 配套时方可使用。

表 10.2.2-29 主要工日一览表

工程名称: 标段: 第 页 共 页

序号	工日名称(类别)	单位	数量	单价(元)	合价(元)	备注

注:此表按不同计价文件编制阶段要求填写,其中:
1. “工日名称(类别)”“单位”栏内容由招标人在招标工程量清单内填写,各计价阶段可按需要补充或减少内容;
2. “数量”栏由不同阶段计价人按工程计量分析数量填写;
3. “单价”栏的填写:招标控制价应优先采用工程造价管理机构发布的单价;投标报价由投标人在投标时自主确定投标单价;工程结算时按合同约定确定单价。

表 10.2.2-30 发包人提供材料和设备一览表

工程名称： 标段： 第 页 共 页

序号	材料(设备)名称、规格、型号	单位	数量	单价(元)	交货方式	送达地点	备注

注：此表由招标人填写，供投标人在投标报价、确定总承包服务费时参考。

表 10.2.2-31 主要材料和工程设备一览表

工程名称： 标段： 第 页 共 页

序号	名称、规格、型号	单位	数量	单价(元)	合价(元)	备注

注：此表按不同计价文件编制阶段要求填写，其中：

1. "名称、规格、型号""单位"栏内容由招标人在招标工程量清单内填写，各计价阶段可按需要补充和调整；
2. "数量"栏由不同阶段计价人按工程计量分析数量填写；
3. "单价"栏的填写：招标控制价应优先采用工程造价管理机构发布的单价；投标报价由投标人在投标时自主确定投标单价；工程结算时按合同约定确定单价。

表 10.2.2-32 主要机械台班一览表

工程名称： 标段： 第 页 共 页

序号	机械名称、规格、型号	单位	数量	单价(元)	合价(元)	备注

注：此表按不同计价文件编制阶段要求填写，其中：

1. "机械名称、规格、型号""单位"栏内容由招标人在招标工程量清单内填写，各计价阶段可按需要补充；
2. "数量"栏由不同阶段计价人按工程计量分析数量填写；
3. "单价"栏的填写：招标控制价应优先采用工程造价管理机构发布的单价；投标报价由投标人在投标时自主确定投标单价；工程结算时按合同约定确定单价。

表 10.2.2-33 主要工日、材料和设备、机械台班价格调整一览表

(适用于信息价差调整法)

工程名称: 标段: 第 页 共 页

序号	名称、规格、型号	单位	数量	风险幅度(%)		基准单价(元)	调整单价(元)	差价	价差合计
				波动幅度	可调幅度				
	合 计								

注:1. 此表由相应阶段造价调整编制、审核人按照合同约定调价范围内容(名称)填写。
2. 风险幅度按合同约定调价内容分别测算确定,基准单价为招投标阶段合同价款确定时双方确认的单价,调整单价按合同约定可调范围及取价标准确定。
3. 本表为工料机价格调整通用表式,使用时可按工料机分别列表(表头名称选择其一种),也可合并列表(在名称栏内分别填写工料机要素)。

表 10.2.2-34 主要工日、材料和工程设备、机械台班价格调整一览表

(适用于价格指数差额调整法)

工程名称: 标段: 第 页 共 页

序号	名称、规格、型号	变值权重 B	基本价格指数 F_0	现行价格指数 F_t	备注
	定值权重 A		—	—	

注:1. 本表中除"现行价格指数"以外的内容由计价人在工程招投标过程按照招标文件调价范围内容(名称)填写,定标后按合同约定列入合同条款。
2. "变值权重 B"按招标文件调价内容要素价值与招投标阶段双方确认的合同价款中所占比例填写,1 减去其比例为定值权重。
3. "基本价格指数 F_0"应首先采用工程造价管理机构发布的价格指数,没有时可采用相应的价格代替。
4. "现行价格指数 F_t"按约定的付款证书相关周期最后一天的前 42 天的各项价格指数填写,该指数应首先采用工程造价管理机构发布的价格指数,没有时可采用相应的价格代替。
5. 本表为工料机价格调整通用表式,使用时可按工料机分别列表,也可合并列表(在名称栏内分别填写工料机要素)。

10.3 其他表式

本节表式按《建设工程工程量清单计价规范》GB 50500—2013 及浙江省业内常规使用表式编列,供工程相关阶段涉及计价、支付等管理事宜时使用。

其中省补与规范表式有相同作用的可由使用人选择,具体项目工程初始选用表式后应形成固定体系,中途不再更改。

10.3.1 工程变更报审表(省补)(表 10.3.1)。

10.3.2 费用索赔申请(核准)表(表 10.3.2)。

10.3.3 现场签证表(表 10.3.3)。

10.3.4 工程计量申请(核准)表(表10.3.4)。

10.3.5 预付款支付申请(核准)表(表10.3.5)。

10.3.6 总价项目进度款支付分解表(表10.3.6)。

10.3.7 进度款支付申请(核准)表(表10.3.7)。

10.3.8 竣工结算款支付申请(核准)表(表10.3.8)。

10.3.9 最终结清支付申请(核准)表(表10.3.9)。

10.3.10 工程接收证书(省补)(表10.3.10)。

10.3.11 已完工程款额报告(省补)(表10.3.11)。

10.3.12 已完工程款额明细表(省补)(表10.3.12)。

10.3.13-1 支付申请(省补)(表10.3.13-1)。

10.3.13-2 支付证书(省补)(表10.3.13-2)。

表10.3.1 工程变更报审表(省补)

工程名称： 标段： 编号：

<table>
<tr><td colspan="3">致：（工程监理企业全称）

由于________原因，现提出________
____
工程变更(内容见附表)，请予以审批。

附：1. 提出变更原因(必要时附图)；
2. 工程量增减计算书；
3. 工程变更价款报价单。

承包人(章)
承包人代表：
日　期：　年　月　日</td></tr>
<tr><td>复核意见：

设计单位(章)
建筑师/结构师：
日　期：　年　月　日</td><td>复核意见：

工程监理企业(章)
监理工程师：
日　期：　年　月　日</td><td>复核意见：

工程造价咨询企业(章)
造价工程师：
日　期：　年　月　日</td></tr>
<tr><td colspan="3">审批意见：

发包人(章)
发包人代表：
日　期：　年　月　日</td></tr>
</table>

注：复核意见需附上有关复核计算(计价)表。

表 10.3.2 费用索赔申请(核准)表

工程名称： 标段： 编号：

<table>
<tr><td colspan="2">致：(发包人全称)
根据施工合同条款第 条第 款的约定,由于 原因,我方要求索赔金额(大写) 元,(小写) 元,请予核准。

附:1. 费用索赔的详细理由和依据;
2. 索赔金额的计算;
3. 证明材料。

承包人(章)

造价工程师： 承包人代表： 日 期： 年 月 日</td></tr>
<tr><td>复核意见：
根据施工合同条款第 条第 款的约定,你方提出的费用索赔申请经复核：
□ 不同意此项索赔,具体意见见附件。
□ 同意此项索赔,索赔金额的计算由造价工程师复核。

监理工程师：
日 期： 年 月 日</td><td>复核意见：
根据施工合同条款第 条第 款的约定,你方提出的费用索赔申请经复核,索赔金额为(大写)： 元,(小写)： 元。

造价工程师：
日 期： 年 月 日</td></tr>
<tr><td colspan="2">审核意见：
□ 不同意此项索赔,理由见附件。
□ 同意此项索赔,与本期进度款同期支付。

发包人(章)
发包人代表：
日 期： 年 月 日</td></tr>
</table>

注:1. 在选择栏中的“□”内做标识“√”。
2. 本表一式四份,由承包人填报,发包人、监理人、工程造价咨询人、承包人各存一份。
3. 复核意见需附上有关复核计算(计价)表。

表 10.3.3 现场签证表

工程名称： 标段： 编号：

<table>
<tr><td>施工部位</td><td></td><td>日期</td><td>年 月 日</td></tr>
<tr><td colspan="4">致：<u>（发包人全称）</u> 根据<u>（指令人姓名）</u> 年 月 日的口头指令或你方（或监理人） 年 月 日的书面通知，我方要求完成此项工作应支付价款金额为（大写） 元，（小写） 元，请予核准。

附：1. 签证事由及原因；
2. 附图及计算式。

承包人（章）
造价工程师： 承包人代表： 日 期： 年 月 日</td></tr>
<tr><td colspan="2">复核意见：
你方提出的此项签证申请经复核：
□ 不同意此项签证，具体意见见附件。
□ 同意此项签证，签证金额的计算由造价工程师复核。

监理工程师：
日 期： 年 月 日</td><td colspan="2">复核意见：
□ 此项签证按承包人中标的计日工单价计算，金额为（大写）： 元，（小写）： 元。
□ 此项签证因无计日工单价，金额为（大写）： 元，（小写）： 元。

造价工程师：
日 期： 年 月 日</td></tr>
<tr><td colspan="4">审核意见：
□ 不同意此项签证，理由见附件。
□ 同意此项签证，价款与本期进度款同期支付。

发包人（章）
发包人代表：
日 期： 年 月 日</td></tr>
</table>

注：1. 在选择栏中的"□"内做标识"√"。

2. 本表一式四份，由承包人在收到发包人（监理人）的口头或书面通知后填写，发包人、监理人、工程造价咨询人、承包人各存一份。

3. 复核意见需附上有关复核计算（计价）表。

表 10.3.4 工程计量申请(核准)表

工程名称： 标段： 第 页 共 页

序号	项目编码	项目名称	计量单位	承包人申报数量	发包人核实数量	发承包人确认数量	备注

承包人代表：	监理工程师：	造价工程师：	发包人代表：
日期： 年 月 日	日期： 年 月 日	日期： 年 月 日	日期： 年 月 日

表 10.3.5 预付款支付申请(核准)表

工程名称: 标段: 第 页 共 页

致:　　(发包人全称)

我方根据施工合同的约定,现申请支付工程预付款额为(大写)　　元,(小写)　　元,请予核准。

具体细目如下:

序号	名　　称	申请金额(元)	复核金额(元)	备注
1	已签约合同价款			
2	其中:安全文明施工基本费			
3	应支付的预付款			
4	应支付的安全文明施工基本费			
5	合计应支付的预付款			

承包人(章)

造价工程师: 承包人代表: 日　期: 年 月 日

复核意见:

□ 与合同约定不相符,修改意见见附件。

□ 与合同约定相符,具体金额由造价工程师复核。

监理工程师:

日　期: 年 月 日

复核意见:

你方提出的支付申请经复核,应支付预付款金额为(大写)　　元,(小写)　　元。

造价工程师:

日　期: 年 月 日

审核意见:

□ 不同意。

□ 同意,支付时间为本表签发后的15天内。

发包人(章)

承包人代表:

日　期: 年 月 日

注:1. 在选择栏中的"□"内做标识"√"。

2. 本表一式四份,由承包人填报,发包人、监理人、工程造价咨询人、承包人各存一份。

3. 复核意见需附上有关复核计算(计价)表。

表 10.3.6　总价项目进度款支付分解表

工程名称：　　　　　　　　　　　　标段：　　　　　　　　　　　　单位：元

序号	项目名称	总价金额	首次支付	二次支付	三次支付	四次支付	五次支付	…
一	施工组织措施费							
1	安全文明施工基本费							
2	提前竣工增加费							
3	二次搬运费							
4	冬雨季施工增加费							
5	行车、行人干扰增加费							
…	…							
二	规费							
合　计								

编制人(造价工程师)：　　　　　　　　　　复核人(造价工程师)：

编制日期：　　年　月　日　　　　　　　　复核日期：　　年　月　日

注：1. 本表应由承包人在投标报价时根据发包人在招标文件明确的进度款支付周期与报价填写，签订合同时，发承包双方可就支付分解协商调整后作为合同附件。

2. 单价合同使用本表，“支付”栏时间应与单价项目进度款支付周期相同。

3. 总价合同使用本表，“支付”栏时间应与约定的工程计量周期相同。

表 10.3.7 进度款支付申请(核准)表

工程名称： 标段： 编号：

致：（发包人全称）

我方于 至 期间已完成了工作，根据施工合同的约定，现申请支付本周期的合同款额为（大写） 元，（小写） 元，请予核准。

具体细目如下：

序号	名　称	实际金额(元)	申请金额(元)	复核金额(元)	备注
1	累计已完成的合同价款				
2	累计已实际支付的合同价款				
3	本周期合计完成的合同价款				
3.1	本周期已完成单价项目的金额				
3.2	本周期应支付的总价项目的金额				
3.3	本周期已完成的计日工价款				
3.4	本周期应支付的安全文明施工基本费				
3.5	本周期应增加的合同价款				
4	本周期合计应扣减的金额				
4.1	本周期应抵扣的预付款				
4.2	本周期应扣减的其他金额				
5	本周期应支付的合同价款				

附：上述3、4详见附件清单。

承包人(章)

造价工程师： 承包人代表： 日　期： 年　月　日

复核意见：

□ 与实际施工情况不相符，修改意见见附件。

□ 与实际施工情况相符，具体金额由造价工程师复核。

监理工程师：
日　期： 年　月　日

复核意见：

你方提出的支付申请经复核，本周期已完成合同价款为（大写） 元，（小写） 元，本周期应支付金额为（大写） 元，（小写） 元。

造价工程师：
日　期： 年　月　日

审核意见：

□ 不同意。

□ 同意，支付时间为本表签发后的15天内。

发包人(章)
发包人代表：
日　期： 年　月　日

注：1. 在选择栏中的“□”内做标识“√”。

2. 本表一式四份，由承包人填报，发包人、监理人、工程造价咨询人、承包人各存一份。

3. 复核意见需附上有关复核计算（计价）表。

表 10.3.8 竣工结算款支付申请(核准)表

工程名称： 标段： 编号：

致：（发包人全称）

我方于　　　至　　　期间已完成合同约定的工作,工程已经完工,根据施工合同的约定,现申请支付竣工结算合同款额为(大写)　　　元,(小写)　　　元,请予核准。

具体细目如下：

序号	名　称	申请金额(元)	复核金额(元)	备注
1	竣工结算合同价款总额			
2	累计已实际支付的合同价款			
3	应预留的质量保证金			
4	应支付的竣工结算款金额			

承包人(章)

造价工程师：　　　承包人代表：　　　日　期：　年　月　日

复核意见：

□ 与实际施工情况不相符,修改意见见附件。

□ 与实际施工情况相符,具体金额由造价工程师复核。

监理工程师：

日　期：　年　月　日

复核意见：

你方提出的竣工结算款支付申请经复核,竣工结算款总额为(大写)　　　元,(小写)　　　元,扣除前期支付以及质量保证金后应支付金额为(大写)　　　元,(小写)　　　元。

造价工程师：

日　期：　年　月　日

审核意见：

□ 不同意。

□ 同意,支付时间为本表签发后的15天内。

发包人(章)

发包人代表：

日　期：　年　月　日

注：1. 在选择栏中的"□"内做标识"√"。

2. 本表一式四份,由承包人填报,发包人、监理人、工程造价咨询人、承包人各存一份。

3. 复核意见需附上有关复核计算(计价)表。

表 10.3.9 最终结清支付申请(核准)表

工程名称: 标段: 编号:

致: (发包人全称)

我方于 至 期间已完成了缺陷修复工作,根据施工合同的约定,现申请支付最终结清合同款额为(大写) 元,(小写) 元,请予核准。

具体细目如下:

序号	名 称	申请金额(元)	复核金额(元)	备注
1	已预留的质量保证金			
2	应增加因发包人原因造成缺陷的修复金额			
3	应扣减承包人不修复缺陷、发包人组织修复的金额			
4	最终应支付的合同价款			

附:上述 2、3 项详见附件清单。

承包人(章)

造价工程师: 承包人代表: 日 期: 年 月 日

复核意见:

□ 与实际施工情况不相符,修改意见见附件。

□ 与实际施工情况相符,具体金额由造价工程师复核。

监理工程师:
日 期: 年 月 日

复核意见:

你方提出的支付申请经复核,最终应支付金额为(大写) 元,(小写) 元。

造价工程师:
日 期: 年 月 日

审核意见:

□ 不同意。

□ 同意,支付时间为本表签发后的 15 天内。

发包人(章)
发包人代表
日 期: 年 月 日

注:1. 在选择栏中的"□"内做标识"√"。如监理人、造价咨询人已退场,监理工程师、造价工程师栏可空缺。
2. 本表一式 2(4)份,由承包人填报,发包人、(监理人、工程造价咨询人)、承包人各存一份,如监理人、造价咨询人已退场不需存档。
3. 复核、审核意见需附上有关复核、审核计算(计价)附件。

表 10.3.10 工程接收证书(省补)

工程名称： 标段： 编号：

致：(承包人全称)

你方按施工合同要求于 年 月 日提出了工程竣工验收，经我方组织你方、设计单位、工程监理人(企业名称)、工程造价咨询人(企业名称)共同验收，该工程竣工验收合格，现予颁发工程验收书，按施工合同约定，该工程实际竣工期是 年 月 日。

我方颁发工程接收证书，则表明自颁发之日起，由我方负责照管该工程，但并不表示你方已完成施工合同赋予的一切义务和责任，你方仍应承担该工程的质量缺陷和质量保修责任。

发包人(章)
发包人代表：
日 期： 年 月 日

注：本表由发包人填制，承包人、发包人各存一份。

表 10.3.11 已完工程款额报告(省补)

工程名称：　　　　　　　　　　　标段：　　　　　　　　　　　编号：

致：(发包人全称)________________

于　　至　　期间，我方按照合同约定和监理工程师的指令，实际已完工程款额为(大写)　　元，(小写)　　元，累计已完工程款额为(大写)　　元，(小写)　　元。根据施工合同条款第　条第　款的规定，现提出已完工程款额报告，请予复核和确认。

附：1. 已完工程款额明细表；
2. 证明材料。

承包人(章)
承包人代表：
日　期：　　年　月　日

复核意见：	复核意见：
□ 与实际施工情况不相符，修改意见见附件。 □ 与实际施工情况相符，具体金额由造价工程师复核。 工程监理人(章) 监理工程师： 日　期：　　年　月　日	根据施工合同条款第　条第　款的规定，经复核你方提出已完工程款额报告(第　号)，截至　　年　月　日，本周期实际已完工程款额为(大写)　　元，(小写)　　元，累计已完工程款额(大写)　　元，(小写)　　元。 附：已完工程款额明细复核表。 工程造价咨询人(章) 造价工程师： 日　期：　　年　月　日

审核意见：

□ 不同意/□ 同意。

发包人(章)
发包人代表：
日　期：　　年　月　日

注：1. 在需要选择栏中的"□"内做标识"√"。
2. 本表一式五份，由承包人、工程监理人、工程造价咨询人、发包人按合同规定程序填制，发包人存两份，其他各存一份。
3. 复核意见需附上有关复核计算(计价)明细表。

表 10.3.12　已完工程款额明细表(省补)

工程名称：　　　　编号：　　　　截止日期：

序号	项目编码	项目名称	单位	清单工程量	项目单价(元)			上期末累计		本　期		本期末累计	
					综合单价(元)	规费和税金(元)	合计(元)	已完工程量	合价(元)	完成工程量	合价(元)	已完工程量	合价(元)
本页小计			元	—	—	—	—	—		—		—	
合　计			元	—	—	—	—	—		—		—	

编制：　　　　复核：　　　　承包人代表：　　　　日期：　年　月　日

表 10.3.13-1 支付申请(省补)

工程名称： 标段： 编号：

致：(工程造价咨询人全称)

我方于 至 期间已完成了工作，根据施工合同条款第 条第 款的规定，现申请支付本期的工程款额为(大写) 元，(小写) 元，请予复核和确认，并在支付证书签发后按合同规定时间支付。

具体细目如下：

序号	名 称	金额(元)	备注
1	累计已完工程价款		
2	累计已实际支付的工程价款		
3	本期间已完工程价款		
4	本期间完成的计日工费用		
5	本期间应支付的暂列金额价款		
6	本期间应支付的调整工程款		
7	本期间应支付的安全、文明施工基本费		
8	本期间应扣除的误期赔偿费		
9	本期间应扣回的预付款		
10	本期间应扣留的质量保证金		
11	本期间应支付或扣回(留)的其他款项		
	本期间应支付的工程价款		

附：1. 有关证明资料；
2. 计算过程及说明。

承包人(章)
承包人代表：
日 期： 年 月 日

注：1. 本表一式五份，由承包人填制，承包人、工程监理人和工程造价咨询人各存一份，发包人存两份。
2. 本表为表 10.3.13-2 使用的前置条件。

表 10.3.13-2 支付证书(省补)

单位(专业)工程名称：　　　　　　　　　　　　标段：　　　　　　　　　　　　编号：

致：(发包人全称)

根据施工合同条款第　条第　款的规定，经核实承包人提出的已完工程款额报告(编号：　)和支付申请报告(编号：　)，于　　至　　期间，同意本期间支付工程款(大写)　　元，(小写)　　元，请按合同规定时间内向承包人支付工程价款。

其中：

1. 承包人申报款：　元；2. 经复核承包人应得款：　元；

3. 本期应扣款：　元；4. 本期应付款：　元。

具体细目如下：

序号	名　称	金额(元)	备注
1	累计已完工程款		
2	累计已实际支付的工程款		
3	本期间已完工程款		
4	本期间完成的计日工价款		
5	本期间应支付的暂列金价款		
6	本期间应扣除的调整工程款		
7	本期间应支付的安全文明施工基本费		
8	本期间应扣回的误期赔偿费		
9	本期间应支付的预付款		
10	本期间应扣留的质量保证金		
11	本期间应支付或扣回(留)的其他款项		
	本期间应支付的工程款		

附：1. 已完工程款额明细审核表；

2. 相关记录。

工程造价咨询人(章)

造价工程师：

日　　期：　年　月　日

注：本表一式四份，由造价咨询单位填制，抄送承包人，发包人、工程监理人、工程造价咨询人和承包人各存一份。